屋知

生生不息

绿色建筑科学之旅

万丽 刘小雪 迟辛安 著

清华大学出版社
北京

图书在版编目(CIP)数据

生生不息:绿色建筑科学之旅 / 万丽,刘小雪,迟辛安著. — 北京:清华大学出版社,2023.8
(屋知)

ISBN 978-7-302-64191-9

Ⅰ.①生… Ⅱ.①万… ②刘… ③迟… Ⅲ.①生态建筑–研究 Ⅳ.①TU-023

中国国家版本馆CIP数据核字(2023)第136125号

责任编辑:刘一琳
装帧设计:陈国熙
责任校对:赵丽敏
责任印制:丛怀宇

出版发行:清华大学出版社
　　　　　网　　址:http://www.tup.com.cn, http://www.wqbook.com
　　　　　地　　址:北京清华大学学研大厦 A 座　　　邮　　编:100084
　　　　　社 总 机:010-83470000　　　　　　　　　邮　　购:010-62786544
　　　　　投稿与读者服务:010-62776969, c-service@tup.tsinghua.edu.cn
　　　　　质量反馈:010-62772015, zhiliang@tup.tsinghua.edu.cn
印 装 者:北京博海升彩色印刷有限公司
经　　销:全国新华书店
开　　本:170mm×230mm　　　印　张:11　　　字　数:124 千字
版　　次:2023 年 8 月第 1 版　　　　　　　　印　次:2023 年 8 月第 1 次印刷
定　　价:89.00 元

产品编号:079047-01

前言

你好，我是万丽。

我在求学阶段虽然专攻建筑学专业，但也对很多别的专业领域充满好奇，什么都想了解一下。因此我也常看一些科普文章，并偶尔撰文，介绍一点我所学的专业知识。在我工作的过程中，与不同领域的专业人士合作更是常态。在他们身上，我学到了很多有趣的知识，也从各个不同的角度重新审视了自己所学的专业，对自己的角色和定位有了更加清晰的认识。

不知道你有没有这样的体会：在我们这个时代，学科分化得越来越细，但我们面临的处境又越来越复杂，需要从各个不同的角度、不同的层面来思考，才能拿出靠谱的解决方案。我们当然无法将所有专业都深入、系统地学习一遍，但大体感知不同专业领域的知识和观点，对拓宽我们的视野、激发我们的灵感很有益处。所以当编辑联系我时，我便萌生了写这样一本书的念头。

这本书里没有什么艰深的理论和晦涩的语言。我希望用平实的文字、具体的例子，为你介绍绿色建筑和可持续发展的来由、理念、实践。如果你能从里面延伸出自己的一点思考，获得一点乐趣，那我就十分满足了。也正是因为这一出发点，这本书里可能没有介绍太多前沿的技术细节，也没有列举尚未实施的最新设计方案，反而是从很久远的过去开始说起，从我们为什么要这样做开始说起，从已经建成并经历过时间检验的那些有代表性的案例说起。如果你是一个非专业人士，希望这本书能带给你对绿色建筑和可持续发展理念的整体感知，在你做决策和行动的时候提供一点有用的参考。如果你是一个专业人士，希望这本书能带给你一些新的思考、灵感、共鸣或反思。

如果我把自己当作一个老师，那我此刻的心情一定非常忐忑、惶恐，生怕自己介绍的内容不够完美。但我更愿意把自己当作一名向导或伙伴，陪你去探究这一路上有可能遇到的一些有意思的话题。也许这一趟旅途不能看遍所有的风景，也许我们会遇到一些没有答案的问题，但相信这个过程会丰富我们的生命。而且，更多的旅程还在等待着你。

你准备好了吗？

万丽
2023年夏

目录

古老智慧的启示

　　说到"绿色建筑"，你脑海中第一个浮现出来的画面是什么？一栋被绿色植物包围的房子？一栋覆盖太阳能光电板的房子？在本书的开始，我想请你把脑海中既有的想象先放在一旁，和我一起回到过去，看一看在和大自然相处的过程中，人类学到了哪些和绿色建筑有关的重要理念。

01-1　黄土高原的"凿地为窑"

在我国西北的黄土高原，有一种非常古老的居住方式——窑洞，相信大家对它都不陌生。你有没有想过，窑洞是怎么被发明出来的？为什么这里的人想到了住在窑洞里，而不是住树屋、木屋、石屋，或者其他？

我们可以先来看一看窑洞分布较多的区域，自然环境是怎样的。

西北的黄土高原，气候干旱，土层很厚。有多厚呢？通常超过50米，最厚的地方能达到300米。而当地的气候，冬天比较寒冷，夏天比较干热，风沙很大。

人们发现，在厚厚的土层上凿出一个洞，里面冬暖夏凉，又可以抵御风沙，还省去了很多建筑材料。于是，大家都开始在发育稳定的土层上"凿地为窑"，久而久之就逐渐发展出窑洞这一居住形式。

窑洞的建筑材料是未经烧焙的原土，也叫"生土"。它和需要加工，再经过运输才能使用的砖、水泥、钢材等建筑材料不同，可以直接就地取材，减少了大量的加工和运输能耗。即使到了建筑寿命终止的时候，窑洞被拆除或者废弃，也无外乎尘归尘，土归土，不会产生太多的建筑垃圾和不可降解的废料。

窑洞的入口和院落

山西李家山村的窑洞

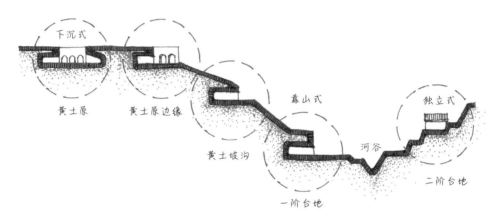

地貌断面和窑洞类型的关系

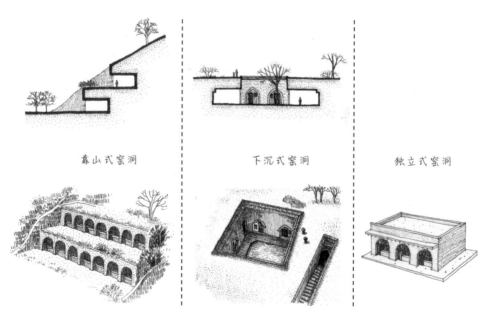

窑洞的三种类型

窑洞依山就势，顺应地形。根据它所在位置的不同，可以分为靠山式、下沉式和独立式三种基本类型。

从当地的气候条件、地理条件和自然资源来看，窑洞是非常"理所应当"的一种建筑形式。前文说过，窑洞里面是"冬暖夏凉"的。到底怎么个冬暖夏凉法呢？在陕北寒冷的冬季，室外气温已经降到-20℃，窑洞内的气温还可以保持在10℃以上。太阳辐射、室内照明、人类活动、厨房做饭，都会散发热量。而窑洞可以把这些热量很好地保存在室内，使得在冬季不用增加额外的采暖措施，室内也能维持相对舒适的温度。

从经济的角度来看，窑洞的建筑材料就地取材，不需要复杂加工，建筑运行不需要额外的采暖措施，使得窑洞的建造成本和运行成本都非常低。

从历史文化的角度看，因为使用了当地材料、当地人工和当地技术，窑洞建筑承载了当地人独特的生产生活方式，带有浓郁的地域文化特点。

这些都是窑洞独一无二的优势和魅力。

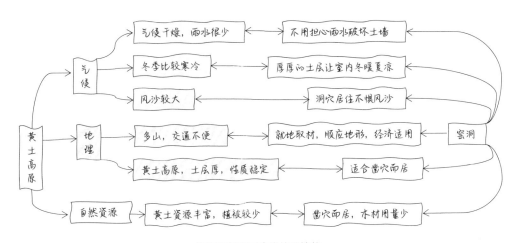

窑洞是如何回应当地环境的

不过，随着社会的发展和生活方式的变化，窑洞这一古老的建造体系也面临逐渐凋零的危机。随着科技的进步和生活水平的提高，现代人对居住环境的需求也发生着变化。一些窑洞开窗有限，室内采光不足，通风不畅，似乎已经不太符合现代人的生活方式。有的人把窑洞和贫困落后画上了等号，甚至把拆除窑洞、修建砖房视为脱贫致富的标志。

可见，一种建筑形式之所以在某一历史阶段存在优势，与当时人们的生活方式和需求密不可分。但人类社会的发展是动态的，如果建筑形式和建造技艺不能与时俱进、不断创新和发展，曾受欢迎的建筑也会坐上"冷板凳"。

你知道吗？

古代的先民们既没有工业化的建筑材料，也没有机械化的暖通空调系统。在盖房子的时候，他们就需要特别仔细地考虑当地的气候条件、地理条件和自然资源。

因地制宜，就地取材，意味着顺应当地气候，充分利用当地的自然资源和能源，在有限的条件下打造出最宜居的建筑环境。

虽然古人还没有发展出系统化的"绿色建筑"概念，但是当时生活在不同地区的人们，根据各地的条件和特点，创造出了丰富多彩、让人惊叹的乡土建筑。我们今天使用的很多绿色建筑的设计策略，早已蕴藏在了这些乡土建筑里面。

01-2 红土高原的"一颗印"

在我国云南的红土高原地区，气候比较温和，红土资源丰富。这里的人们也常常住在生土盖的房子里。不过，同样是用土来盖房子，西南和西北又略有不同。

云南的土层厚度不及黄土高原，通常只有0.5～2米，而且红土的主要成分是风化土，不如黄土稳定、牢固。因此，虽然同样是就地取材，但云南地区的百姓不是凿穴而居，而是用模板和夯锤，把红土夯筑为墙体，或者制作成土坯砖，用来砌筑墙体，建造房屋。

云南地区常见的生土民居有一个特别的名字，叫作"一颗印"。它一般平面呈方形，由正房三间，左右两边的耳房各两间，以及入口处的一个半室外"倒座"空间围合而成。通常，建筑外围一圈比较厚的墙体由夯土或者土坯砖建成，内部则由木柱、木梁和木楼板支撑起来。整个院落布局紧凑，外实内虚，方正如印，因此被称为"一颗印"。

当然，根据地形、民族、经济条件等差异，"一颗印"这样的夯土院落建筑还有很多不同的变体。但万变不离其宗，有了前面窑洞的例子，我们不难想象，"一颗印"的建筑形式也和当地的自然条件有着密切的关系。

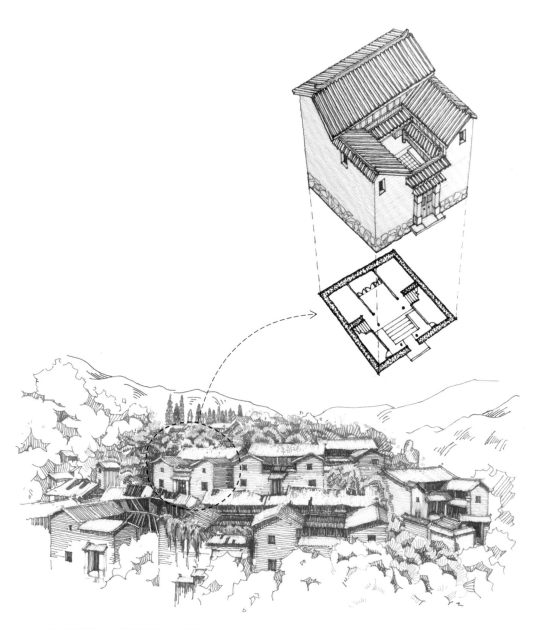

云南昆明团结乡乐居村的夯土聚落

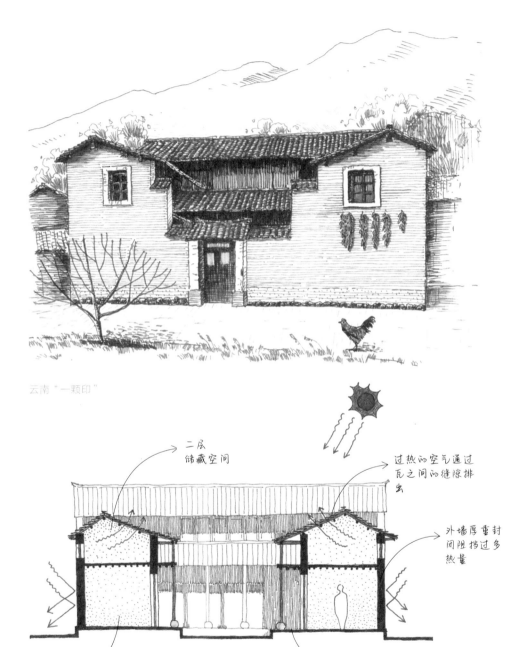

云南"一颗印"

二层
储藏空间

过热的空气通过
瓦之间的缝隙排
出

外墙厚重封
闭阻挡过多
热量

一层
生活空间

内院檐廊制造
阴凉

云南"一颗印"的剖面示意图

云南的"一颗印"和西北的窑洞一样，就地取材，冬暖夏凉，经济实用，地域特色浓郁。但它也和窑洞一样面临着空间、采光、通风逐渐不能满足人们现代生活需求的挑战。传统的夯土农宅屋顶采用的是小青瓦，需要定期检修。一旦检修不及时，出现漏雨，雨水会迅速侵蚀墙体，造成不可逆的损坏。除此之外，云南还是一个地震多发的地区，年久失修的生土建筑遇上地震，常常大面积损毁，甚至造成人员伤亡。因此，每发生一次地震，就有一大批村民摒弃传统生土农宅，选择兴建砖房。即使交通不便，价格飞涨，为了安全，这似乎也只能是当地村民唯一的选择。

难道就没有别的方法，既可以保留传统建筑的优点，又能解决舒适度和安全性的问题吗？当然有！这就需要通过科学的方法，对传统建筑技术进行改良和革新。

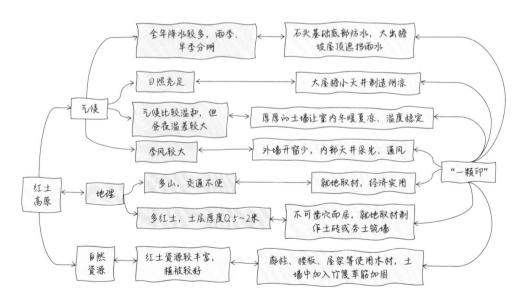

云南夯土民居是如何回应当地环境的

你知道吗？

　　根据联合国教科文组织的统计，在21世纪初，全世界仍有约1/3的人口居住在生土建筑里。中国2010—2011年的普查数据显示，我国至少有6000万人居住在生土建筑里。

　　生土建筑的节能环保优势是显而易见的：

　　1. 生土材料的制造不需要烧焙和深加工；

　　2. 就地取材省去了远距离运输的能耗及排放；

　　3. 良好的保温隔热性能减少了建筑运行阶段的能耗及排放；

　　4. 建筑拆除以后材料可降解或者被重复利用。

　　不仅如此，生土建筑还承载了丰富多彩的地域文化。然而，生土建筑分布的地区有相当一部分刚好处在地震多发带，因此，抗震性能是制约生土建筑发展传承的一个重要因素。

01-3 抓住前人的"接力棒"

生土是一种韧性较小的材料,虽然抗压能力还不错,但抗弯折和抗拉的能力比较弱。因此,缺乏抗震措施的生土建筑很容易在地震中"土崩瓦解",建筑物的屋顶、楼板、墙体等部分的垮塌也容易造成财产损失和人员伤亡。在西南地区的历次地震中,土房子密集的地方往往是重灾区。有统计数据显示,在2014年的云南鲁甸地震中,倒塌的房屋至少80%是土房。

2014年8月的云南鲁甸地震之后,我所在的香港中文大学"一专一村"团队联合剑桥大学、昆明理工大学的结构和抗震专家,一起来到云南省鲁甸县龙头山镇的光明村进行调研。

不出意料,那里的传统夯土农宅大部分都在地震中垮塌了,村民纷纷转而建造砖房。但是由于地震以后外来材料和人工费用飞涨,重建家园的费用成了村民不小的经济负担。很多重建房屋因为资金不足,既没有保温隔热措施,也没有外墙面的装饰和室内的装修,别说家具了,有的甚至连门窗也没有安装。住在这种红砖裸露、"冬冷夏热"的砖房里,实在谈不上舒适和体面。

我们还发现,因为缺乏建筑抗震的知识和技术,一些重建的砖房看似结实,其实仍然存在结构的薄弱部位和安全隐患。

　　究竟有没有一种方法，可以让村民不用过度依赖外来的材料和技术，靠着自己的资源和能力，重建出安全又舒适的住宅呢？我们决定先不去思考使用什么样的技术来替代传统夯土建筑，而是抱着好奇心和开放的态度，认真地看看当地已有的技术是什么样的，有哪些值得保留，还有哪些可以改进。

　　在对当地现状进行调研分析之后，我们的专家团队对当地传统夯土建筑进行了"会诊"，找出了传统技术中的弱点，运用现代的科学方法和技术手段略加改进，总结出一套既有科技含量、又易学好操作的新型抗震夯土农宅建造技术。

鲁甸地震后倒塌的传统夯土农宅

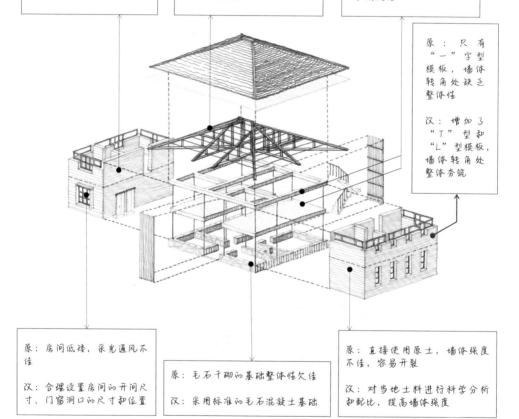

原：人力夯筑，墙体密实度不高

汉：采用铝合金模板和电动夯锤，提高夯筑的密实度

原：木屋顶构架与墙体的连接薄弱，整体性不佳

汉：使用钢结构屋顶与混凝土圈梁连接，增加整体性和耐久性

原：木楼板与墙体的连接薄弱，整体性不佳

汉：使用现浇混凝土楼板和圈梁，增加整体性和耐久性

原：只有"一"字型模板，墙体转角处缺乏整体性

汉：增加了"T"型和"L"型模板，墙体转角处整体夯筑

原：房间低矮，采光通风不佳

汉：合理设置房间的开间尺寸，门窗洞口的尺寸和位置

原：毛石干砌的基础整体性欠佳

汉：采用标准的毛石混凝土基础

原：直接使用原土，墙体强度不佳，容易开裂

汉：对当地土料进行科学分析和配比，提高墙体强度

新型夯土农宅的改进措施

　　经过一系列的力学性能测试，我们的新型夯土农宅建造技术被证实安全可靠，完全符合国家的建筑抗震规范。但怎么把这套技术传授给村民呢？如果光靠一张嘴，可能磨破嘴皮也不一定有用。我们决定和村民一起"边做边学"，通过建造示范项目，让这项技术以最直接的方式被村民感知和掌握。于是，我们邀请村民工匠一起，为村里一对没有能力重建家园的老年夫妇设计、建造了示范农宅。

　　仅仅解决安全问题还不够，为了消除村民心中"土房子就等于落后、贫穷、不安全"的固有印象，新建的农宅必须改变传统夯土农宅空间低矮、采光不足、通风不畅、阴暗潮湿的问题。这需要建筑师充分了解和尊重使用者的日常生活需求，仔细考虑改进方案，整体提升村民的居住环境质量。

　　在有限的宅基地上，我们为老爷爷老奶奶设计了一栋布局紧凑的单体建筑。两个土墙承重的矩形建筑体块承载了住户日常起居的各个房间，中间设置了有屋顶采光的狭长中庭——一个让日光和新鲜空气流动起来的半室外空间。它很好地补充了建筑内部的采光和通风，为老爷爷老奶奶提供了一个既能遮风避雨又明亮舒适的活动空间。

　　除了安全和舒适以外，还有一个重要的问题——经济问题——需要认真考虑。之前常规的砖混住宅，造价超出村民的负担能力不说，大部分的材料是外来材料，技术工人也需要从外地聘请。也就是说，盖房子投入的材料费和人工费，只有少部分可以留在当地，推动当地的经济发展。而光明村灾后重建示范项目转换思路，用当地的材料、当地的工人来完成重建，让材料费、人工费还留在当地人的口袋里。

老奶奶喜欢在中庭做刺绣

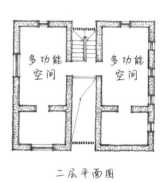

二层平面图

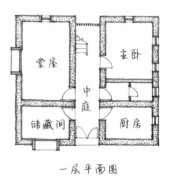

一层平面图

新家平面图

　　由于新技术只是在当地传统技术上做了必要的改进，建筑施工的技术简单易学，工具也很容易上手。通过短时间的培训和实践，当地村民组成的施工队就可以胜任盖房子的工作。村民和"一专一村"团队的技术指导人员、驻场建筑师一起边做边学，只用了三个月的时间就完成了重建。而建造房屋所需的材料，大部分来自灾后废墟的回收利用和就近购买，工匠则全部在当地雇用。这样一来，建筑的造价大大降低，只有常规砖混建筑的六成左右，而且建造房屋的资金大部分都留在了当地，提高了当地人的收入。

村民工匠正在使用改进后的工具夯筑土墙

项目落成之后，老爷爷老奶奶搬入新居。老爷爷有了一个明亮舒适的空间做他最擅长的竹编手工，多年不做针线活的老奶奶，也兴致勃勃地重新做起了刺绣。灾后重建项目不仅为他们重建了居所，更重要的是，让他们对自己的生活重拾信心和希望；让他们看到，原来自己的本土材料、本土技术、本土工匠，也可以盖出环保、舒适、经济、体面的房屋。

咦？这本书不是要讨论绿色建筑吗？怎么一讲起自己团队的项目就滔滔不绝，好像跑题啦？其实介绍这么多传统的技艺和民间的智慧，是想表达这样一种观点：虽然绿色建筑总会给人"高大上"的刻板印象，好像和我们的日常生活很有距离，但高技术、新材料、昂贵华丽的外衣并不是绿色建筑仅有的"三板斧"。抛开这些表象，绿色建筑强调的其实是用适宜的、智慧的方法处理人和环境、人和人之间的关系，让这些关系进入一个良性的、可持续的循环。这里头不仅包含科学、工程的学问，还涉及到社会、人文、经济等多方面的知识，需要非常开放、灵活的思维和很多跨学科、跨部门的沟通协作。

常常有人问我，为什么还要用土这种落后的材料盖房子。但我总觉得，对于不同地区的建筑而言，材料是中性的，没有绝对的好坏之分。每种材料都有它的特点和适用范围。只要带着对当地情况的了解和对当地人生活方式的尊重，把不同的材料用在适合它们的地方，不管是钢还是土，都能让人的生活和生命焕发新的光彩。有时候，我们看似是在为村民的灾后重建和未来生计考虑，其实已经是在践行真正的绿色建筑理念。光明村灾后重建示范项目获得了香港环保建筑大奖的新建住宅建筑大奖和联合国可持续发展目标特别嘉许奖。作为一栋小小的土房子，它所蕴含的绿色建筑理念一点儿也不比其他获奖作品逊色。

光明村灾后重建示范农宅建成效果

我很喜欢的德国建筑师安娜·赫林格（Anna Heringer）说过的一句话：建筑是工具，改善生命是目的（Architecture is a tool to improve lives.）。你从这个角度思考过你周围的建筑吗？接下来，咱们就一起去看看那些"改善生命"的绿色建筑吧!

与大自然跳一支舞

　　在过去有限的技术水平下，我们的祖先学会了用最少的资源和能源，建造最适合自己的房屋。可以说，大部分前工业时代的建筑，都或多或少地自带"绿色建筑"的属性。然而，是什么让我们渐渐偏离了这个优良传统，走到了自然的对立面？又是什么让我们重新意识到，自然环境对我们来说至关重要？

02-1　人类与自然的博弈

在前工业时代，人类改造环境的能力还十分有限。与其说人类是主动顺应自然，不如说是不得不顺应自然。人们只能日出而作、日落而息，生产、生活规律都离不开自然条件的限制。

1765年，英国人瓦特改良了蒸汽机，工业革命拉开了序幕。随之而来的一系列技术革新，让很多原本依靠人力、畜力、水力和风力的生产、工作，都可以由机器完成。对当时的人来说，机器的好处是显而易见的：工厂不需要因为依赖水力而建在河流旁边，电灯和机械可以让生产流水线24小时不停运转，人造的玻璃暖房让里面的植物在寒冷的冬季也能继续生长。在这一时期，人类的生产力水平得到了大幅度的提升，人类似乎得到了摆脱环境束缚的金钥匙，可以挑战自然，成为自己生活的主宰。

与此同时，技术进步使得越来越多的人不再从事农业劳动，而是成为专门的技术工人，人口开始向城市集中。城市的规模快速增大，城市建筑的材料和规模也发生了变化：电梯的发明让房子可以盖得更高；玻璃、钢材等工业化的材料代替了石头、木材等自然材料，让房间更大，窗户更大，建造速度更快。

　　人工照明、机械通风、冷暖空调等机械设备越来越多地被应用在建筑里，使得建筑的形式脱离了当地气候和自然资源，转向了对集中、高效、充分适应机械化的追求。这种转变也带来了全新的审美标准。

　　然而，在人们拥抱工业化和机械美学的时候，工业革命的"副作用"也悄然产生了。城市的人口密度不断增加，带来的是城市环境的逐渐恶化。

　　在英国的工业革命中，为蒸汽机提供能源的主要是煤炭。当时的人们还没有环境保护的意识，有的人甚至还把煤炭燃烧时释放出来的带有二氧化硫等有毒物质的浓烟，看作蒸汽机的特色和工业革命的象征。

　　法国旅行家笛福曾经这样描述当时英国的炼铁业中心谢菲尔德："谢菲尔德是我见到的最脏、最多烟的城市之一。由于小铁匠铺没有高高的烟囱，加上城市又有许多山坡，这样冒出的烟就直接蔓延到街道上。因此造成人们不停地把尘埃吸入体内。人在城里待久了，就必然吸进煤烟，积在肺里，受到有害的影响。"在伦敦，烟与雾相互混杂，形成浓浓的黄色烟雾（smog），长年萦绕在城市上空。小说家狄更斯批判它是"伦敦特色"。

　　不仅如此，河流的污染也十分严重。在英国的工业革命中，棉纺织业是首先实现机械化的行业，生产量巨大。很多纺织厂直接将工业污水排进河中，给环境和水资源带来了很大的破坏。你可能想象不到，伦敦的著名景点泰晤士河曾经被工业污水严重污染。1858年是泰晤士河的"奇臭年"。那年6月，河水臭气熏天，河边议会大厦里的人们不得不尝试把浸过消毒药水的被单挂在窗户上进行阻隔。1878年，"爱丽丝公主"号游船在泰晤士河上沉没，死亡640人，其中许多人的死因并非溺水，而是喝进了被污染的河水。

伦敦水晶宫（Crystal Palace），1851年首届世界博览会的展示馆，是19世纪英国的建筑奇观之一，也是工业革命时代的重要象征建筑。它是世界上第一座由金属和玻璃建造的大型建筑物，采用了预制的标准化单元构件，加工完成之后在现场进行组装。建成的效果通体透明，没有复杂繁琐的装饰，与当时西方传统的建筑形式形成鲜明的对比，一时间受到了广泛的关注和赞誉。

污染笼罩下的伦敦街景

　　1950年，英国的城市化水平达到了79%；其他一些西方国家也纷纷实现了高度的城市化。快速的城市化进程不可避免地衍生出了诸如环境污染、人口拥挤、城市犯罪等种种问题，当时的人们称之为"城市病"。20世纪50年代，环境污染事件开始频繁发生在工业发达的国家和地区。其中比较著名的伦敦"毒雾事件"，日本"水俣病事件"，都造成了大量人口患病甚至死亡。人们不得不开始反思忽视环境所带来的问题。

　　1962年，美国海洋生物学家蕾切尔·卡森（Rachel Carson）撰写的《寂静的春天》（*Silent Spring*）一书出版，第一次向公众揭示了滥用农药如何对环境造成一连串破坏性影响，并最终反噬人类自身的安危。至此,环境污染问题第一次进入了大众的视野,并受到广泛的关注和讨论。美国前副总统艾伯特·戈尔(Albert Arnold Gore Jr.)这样评价《寂静的春天》一书:"如果没有这本书,环境运动也许会被延误很长时间,或者现在还没有开始。"

令人遗憾的是,20世纪70年代以后,环境问题并没有消失,反而有扩大化和复杂化的趋势。人们发现,环境问题不再只是发达国家和地区的单一、局部事件,而是演变成了诸如气候变化、能源危机这类影响全球的广泛性事件。不管是发达国家还是发展中国家,面对这样的全球性危机,谁也无法独善其身。人们开始从更宏观的角度反思人口增长、经济增长和有限的自然资源之间的矛盾。1972年,联合国人类环境会议(United Nations Conference On The Human Environment)在瑞典首都斯德哥尔摩召开。这是联合国第一个关于环境议题的重大国际会议,它促成了联合国环境规划署的成立,奠定了未来全球环境合作的基础。

蕾切尔·卡森和《寂静的春天》

你知道吗？

1987年，世界环境与发展委员会发表了报告《我们共同的未来》，提出了"可持续发展"的概念："能满足当代人的需要，又不对后代人满足其需要的能力构成危害的发展。"它将经济增长、社会发展和环境保护结合起来考虑，"解套"了人类发展和资源枯竭之间的必然联系。

1996年，第二届联合国人类住区会议（United Nations Conference on Human Settlement）召开以后，可持续发展的概念和原则被引入了建筑领域，可持续发展的环境、经济、社会三个层面被运用到建筑设计和评估体系中。与早期的"绿色建筑"概念相比，"可持续建筑"关注的是建筑的可持续性（sustainability），它不仅仅直接考量建筑的节能和减排，还涵盖了建筑对环境、经济和社会三个层面的影响，以发展的眼光更多地关注建筑的长期效应。

在今天，虽然"绿色建筑"的说法可能更被人们所熟知，本书也将继续使用"绿色建筑"这个词，以方便大家阅读，但是建筑在环境、经济和社会三个层面的可持续性，是评价一个"绿色建筑"是否成功的重要指标，也会在本书中被反复提到。

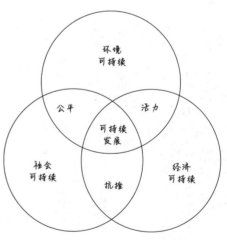

可持续发展的三个层面

02-2　自给自足的联排住宅

自从环境保护的理念逐渐影响到了建筑领域，人们便开始重新审视建造和使用房屋的过程中，能源、资源的流动和人类活动对自然界造成的影响。如何从建筑的角度最大限度地减少对自然资源和化石能源的消耗，减少建筑对环境的负面影响？英国建筑师罗伯特·威尔和布兰达·威尔夫妇（Robert Vale and Brenda Vale）从20世纪60年代开始，就一直在绿色建筑领域不断尝试和创新，可谓是当之无愧的绿色建筑鼻祖人物。

1975年，威尔夫妇出版了《自维持住宅：自给自足的设计和规划》（*The Autonomous House: Design and Planning for Self-sufficiency*）一书，讲述了如何借鉴当地传统智慧，配合科学的方法，建造能源自给自足、对环境友好、维护简单、带有地域特色的房屋。这本书先后被翻译成五种语言，在世界各地广为流传。它被认为是现代绿色建筑领域的奠基之作。

威尔夫妇从传统建造技术中汲取灵感，研究能够回应当地气候的设计手法。这种尊重自然、巧用资源的"被动式设计"，是他们贯穿如一、最为重视的设计原则。接下来就让我们一起去看看，建筑师是如何充满智慧地处理建筑和环境的关系的。

你知道吗？

被动式设计（passive design）是在尽量不消耗能源的前提下，通过建筑物本身，把外部过冷或过热的气候，调整到使用者觉得舒适的范围内。简单来说，就是尽可能少用或不用人工的采暖、制冷、照明、通风等设备，通过有效地利用太阳、风、水等天然能源和资源，为使用者提供舒适的建筑环境。

被动式设计的早期倡导者、被动式低能耗建筑协会（Association of Passive Low Energy Architecture）的创始人之一巴鲁克·吉沃尼（Baruch Givoni）对被动式设计做出了如下的概括："（被动式设计）涵盖了建筑的设计和材料的选择，它旨在提供舒适的建筑环境的同时，减小建筑能耗。建筑设计和结构材料的特点，影响着被建筑所吸收和穿透建筑的太阳辐射量、建筑室内温度和建筑表面温度、空气流速和蒸汽压力。通过这样的方式，它们也影响着建筑对其周围的气候因素的回应。"因此，被动式设计策略有以下几个方向：

• 对太阳辐射的调节：寒冷时通过玻璃或蓄热材料吸收或储存太阳辐射热；炎热时通过遮阳措施遮挡太阳辐射热；通过隔热材料隔绝热的传递。

• 自然采光：通过设计引入适当的太阳光线进行照明。

• 自然通风：通过设计让建筑室内外形成一定的空气压力差，从而获得适当的通风换气。

• 水汽蒸发：炎热时通过建筑外表面的水分蒸发降低建筑温度；通过建筑材料吸收或蒸发水分来调节室内的空气湿度。

广义上讲，只要不消耗能源和资源，又能创造舒适的建筑环境，就可以被认为是被动式的设计思路。你还能想到什么被动式设计的例子吗？

在英国诺丁汉郡一个叫霍克顿（Hockerton）的村庄，有一处看似不起眼的联排住宅。这个建成于1998年的住宅项目比邻一个人工湖，由五栋单层的住宅单元并排组成，每个住宅单元都有自己的生活空间和室外花园。项目的业主们希望示范和实践一种对环境影响最小、自给自足、节能高效，又充满生活气息的建筑形式和生活方式。霍克顿住宅虽然看上去十分低调朴素，却一点儿也不普通。它是英国的第一个可持续联排住宅项目，更被吉尼斯世界纪录列为当时全世界最节能的住宅。它正是由绿色建筑的鼻祖威尔夫妇设计的。

威尔夫妇非常注重建筑对气候和环境的回应，以及对自然资源和能源的有效利用。要达到这个目标，他们需要做充分的前期研究和考察工作，了解当地的自然环境和气候状况。

英国诺丁汉地区地势比较平缓，气候比较温和。夏季最高气温很少达到30℃，冬季会有短暂的降雪天气，但大部分时候的气温都在

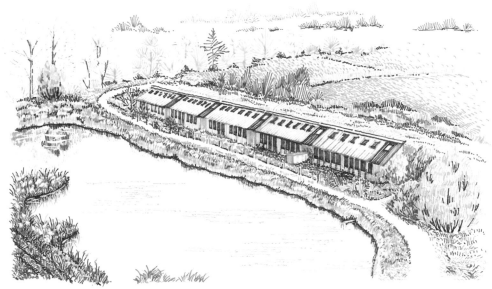

霍克顿住宅鸟瞰

0°C以上。不过这里冬季经常有阴雨天气，日照时间比较少。可见，建筑师需要考虑的主要问题是在阴冷的冬季如何让室内温暖、舒适。

于是，威尔夫妇在这个项目里使用了以下被动式设计的方法：

- **厚重的结构：** 项目的主体结构采用了木制结构加混凝土砌块。北面的外墙和屋顶被泥土覆盖，形成了一个类似窑洞的半覆土建筑。厚重的墙体和覆土层可以达到像窑洞一样冬暖夏凉的效果。

- **太阳能采暖：** 建筑南面设置了大面积的玻璃窗，形成一个容易被太阳辐射加热的暖房。同时，房屋的朝向和窗户经过精确计算，能确保阳光在冬季可以射入最深处的房间，而在夏季不会。太阳辐射还可以把室内的混凝土晒热，混凝土作为蓄热体会将热量储存起来，太阳下山后再释放出来，让室内温度稳定舒适。

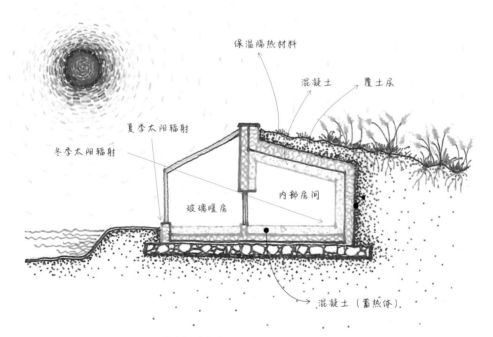

霍克顿住宅的被动式设计策略（1）

- **保温隔热：** 房屋的地面、墙面和屋顶都使用了很厚的保温隔热材料，就像给建筑穿上厚厚的棉袄，在夏季可以减少室外热量传导到室内，冬季可以减少室内的热量流失。窗户都使用了双层甚至三层中空玻璃，同样起到了很好的保温隔热效果。

- **用户自发热：** 冬季时，除了玻璃暖房吸收的太阳辐射热以外，室内电器的运行和人的活动也会散发出不少的热量。这些热量都可以作为室内采暖的热量来源，提高室内温度。

- **自然采光：** 南面的阳光房除了增加冬季室内温度外，也提供了很好的自然光线。顶部天窗进一步提高了自然采光的效果。电灯的使用频率大大降低。

通过这一系列被动式设计，建筑室内的温度在最冷的冬天仍然可以达到17℃左右，建筑的能耗被降低到不足当地常规建筑能耗的三分之一。

当然，被动式设计对室内环境的调节能力是有限的。打个比方，采光做得再好，夜晚太阳下山了还是得开灯。又比如，在日照太短或太阳辐射太弱的时候，被动式太阳能采暖可能不足以把室内温度维持在舒适范围，还是需要人工的采暖设备进行补充。

但这并不代表被动式设计就没有作用。被动式设计可以最大限度地减少人工设备的使用时间，从而减少使用设备导致的能耗和排放。因此才有了"被动优先，主动优化"的说法。这里的"被动"指的就是被动式设计，而"主动"指的就是附加的人工设备系统（active system）。这个说法很好地概括了两者之间的关系：先做好被动式设计，再选择合适的人工设备作为补充，让两者各司其职、相得益彰，就能达到把建筑对环境的负面影响降到最低，又能保障使用者的舒适度。

霍克顿住宅也采用了机械通风和人工采暖系统作为补充。为了给这些设备提供能源，建筑屋顶安装了太阳能光伏发电板，场地周边设置了风力发电装置。所以在能源方面，这确实是一个"自给自足"的建筑。

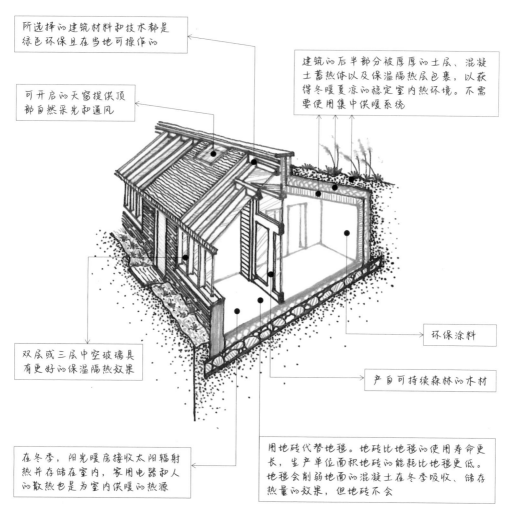

所选择的建筑材料和技术都是绿色环保且在当地可操作的

可开启的天窗提供顶部自然采光和通风

建筑的后半部分被厚厚的土层、混凝土蓄热体以及保温隔热层包裹，以获得冬暖夏凉的稳定室内热环境。不需要使用集中供暖系统

环保涂料

产自可持续森林的木材

双层或三层中空玻璃具有更好的保温隔热效果

在冬季，阳光暖房接收太阳辐射热并存储在室内，家用电器和人的散热也是为室内供暖的热源

用地砖代替地毯。地砖比地毯的使用寿命更长，生产单位面积地砖的能耗比地毯更低。地毯会削弱地面的混凝土在冬季吸收、储存热量的效果，但地砖不会

霍克顿住宅的被动式设计策略（2）

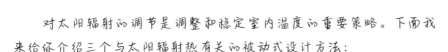

你知道吗？

对太阳辐射的调节是调整和稳定室内温度的重要策略。下面我来给你介绍三个与太阳辐射热有关的被动式设计方法：

1. 蓄热体（thermal mass）：它采用的是一些热容量比较大的材料。白天阳光充足时，蓄热体会吸收和储存太阳辐射热。到了夜晚，太阳下山，温度下降，蓄热体会把储存的热量释放出来。这样的一吸一呼，就延缓了室内热量的流失，提高了室内温度的舒适度和稳定性。常见的蓄热体材料都比较密实、厚重，比如石头、混凝土、夯土、水等。

2. 阳光房（greenhouse）：也叫被动式太阳房，它利用的是玻璃产生的温室效应。当太阳照射到玻璃时，大部分短波辐射可以穿透玻璃到达室内。而室内的地面和空气被阳光加热后发出的长波辐射，却难以穿透玻璃释放出去。一段时间后，玻璃房内的温度就会越来越高，形成"温室"。

3. 隔热材料（thermal insulation）：顾名思义，它的作用是阻断热量的传导。就像棉被，冬天我们把它盖在身上可以保暖，夏天卖冰棒的小商贩把它盖在冰棒上又能保冷。隔热材料通常质量较轻、疏松多孔，比如泡沫塑料，轻质多孔的板材、纤维等。带有空气或者惰性气体夹层的中空板材也属于隔热材料。

上面这三个手段常常被结合起来使用，以达到不同条件下稳定室内温度的效果。

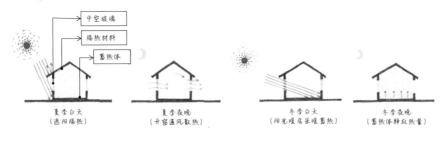

夏季白天　　　　夏季夜晚　　　　　冬季白天　　　　冬季夜晚
（遮阳隔热）　（开窗通风散热）　（阳光暖房采暖蓄热）（蓄热体释放热量）

　　霍克顿住宅在水资源和食物供应方面也尽可能做到了自给自足。项目的饮用水来自坡屋顶收集的雨水。经过过滤系统的处理，这些水可以达到较高的洁净标准。非饮用水则主要是通过道路和田地收集的雨水，储存在储水罐中，在澄清和简单过滤处理之后使用。对洁净度要求不高的蔬菜灌溉用水，则直接使用房屋旁边未经处理的天然水源。

　　建筑排放的生活污水，也能就地处理，达到排放标准。处理的关键就在于人工湖里的芦苇床。通过科学的计算和设计，五栋房屋的生活污水先全部排入人工湖，一边澄清固体废物，一边通过净化

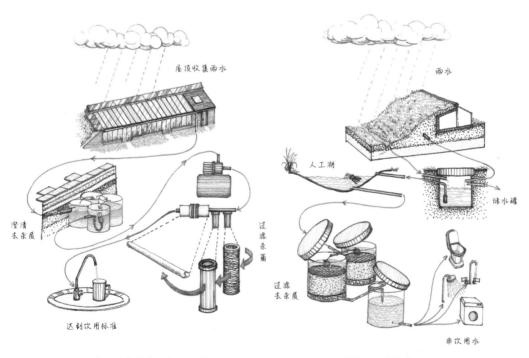

饮用水的收集和处理方式　　　　　　　　非饮用水的收集和处理方式

区漂浮的植物对水进行净化。经过三个月左右的时间，净化完成的
水可以达到直接排入河流的标准。在这个过程中，人工湖不仅净化
了废水，也为周围的动植物提供了栖息的场所和生长所需的养分。

　　同时，霍克顿住宅的居民还会定期对污水沉淀出的固体废物进
行清理，收集后制作堆肥，用来种植瓜果蔬菜。他们还饲养鸡、羊
和蜜蜂。这里大约三分之二的蔬果和鸡蛋可以自给自足。这种模拟
大自然循环利用资源的方式，既减少了生产食物过程中的污染，也
减少了远距离运输食物带来的能耗和污染，不仅环保也非常节能，
住户每年的建筑运行能耗开支节约了60%之多。

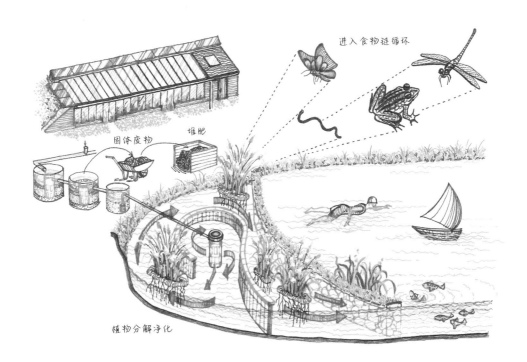

非饮用水的收集和处理方式

你知道吗？

可持续发展的环境层面，是指处理好人类发展和环境之间的关系。想要提高建筑在环境层面的可持续性，就要尽可能降低建筑对环境产生的负面影响，甚至想办法产生正面的影响。具体来说可以从以下几个角度入手进行设计：

- 建筑需要保护或者促进自然生境的大小、生物多样性、生产力等因素；
- 确保建筑全寿命周期内对自然资源的利用不会导致对环境的不利影响；
- 确保建筑全寿命周期内的垃圾和排放物不会对自然环境产生不利影响；
- 确保建筑全寿命周期内对水资源的利用和排放不会对生态系统产生不利影响；
- 确保建筑全寿命周期内所需能源的生产和使用不会对生态系统产生不利影响。

你能从周围的建筑中找出一些可持续设计的例子吗？如果没有，你觉得有什么可以改进的地方呢？

项目还有一套科学的监测和评估系统，通过收集基本的数据，评估建筑的能耗、舒适度等指标。住户可以更深入地了解自己的日常行为和建筑能耗、舒适度之间的关系，从而采取更积极有效的策略，更好地使用这个建筑。

运营方面，项目采用了非营利性合作社的运营方式。每个户主作为合作社的成员，需要每年做300小时的义务工作，包括维护管理建筑、基础设施、能源、水处理系统，以及食物种植等。此外，合作社也花钱雇用住户每年工作300小时，支持开展生态旅游、教育活动、生态建筑咨询等业务。这样的社区合作模式提升了每个人在可持续生活方面的知识和技能，促进了人与人之间的交流协作，也提高了居民的自我认同和归属感，让他们更有意愿和动力持续这种生活方式，并在其中找到乐趣和意义。

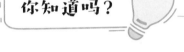

你知道吗？

除了处理好与环境的关系外，建筑的可持续性还有另外两个重要方面。

1. 经济层面的可持续性。旨在不以牺牲环境作为发展经济的代价，而是探寻一种既能发展经济，又能保护和促进环境，良性共赢的经济发展模式。主要的策略包括：

- 在建造和维护过程中鼓励当地就业、鼓励自主创业、鼓励小型企业的发展；
- 在设计和管理上尽量高效，保持较高的生产率，从而减少资源消耗、浪费和污染；
- 在建设发展过程中充分考虑和运用本土的知识和技能；
- 在建设发展过程中科学地监测建筑对环境、经济和社会的影响，并以此来指导发展建设；
- 建立一套公平、透明的经济政策和计划，为可持续发展提供持续的动力和保障；
- 支持小型的、本土的、多元化的、契合当地情况的经济体。

2. 社会层面的可持续性。旨在确保人的身心需求得到满足，促进人类自身的发展提升，从而更好地维持可持续发展的良性循环。主要的策略包括：

- 建筑环境要提供充足的、开放的公共空间，让人尽可能多地接收信息和交换信息；
- 建筑环境要为教育提供足够多的空间和可能性，包括对可持续发展的关注和教育；
- 建筑环境要对不同的使用者有足够的包容性，要尊重地域特点；
- 建筑环境要保障使用者的安全，促进使用者的健康；
- 建设和管理过程要有足够的公众参与。

想不到吧？这些看似和自然环境没有直接关系的因素，也在间接地影响着我们看待绿色建筑的方式。只有让人们意识到，绿色建筑不会让人亏钱，反而能让人挣更多钱；不会降低人的体验感受，反而能让人更舒适、更充分地发展，人们才会更容易接受这种理念，持续地去推动它的发展。

02-3 盛夏微风的商业社区

　　看完了冬季湿冷的英国村庄，接下来我们去一个全年无冬的地方——泰国曼谷，看一下那里的一座没有空调的商场。在不同的气候条件下，虽然建筑师都遵循了充分回应当地气候的被动式设计思路，但是具体的设计手法又有所不同。与大自然共舞，有着很多不同的舞步。

　　曼谷属于热带季风气候，一年四季的平均气温基本都在25℃以上，夏季最高气温有时会超过35℃。这里空气湿润，日照充足，可以说是"四季如夏"。在这样的气候条件下，空调简直是必不可少的建筑设备，人们每年在空调上消耗的能源和花掉的电费都是一个不小的数目。在这样的气候条件下，全年不使用空调，这可行吗？听上去真是一项不小的挑战!

　　曼谷的共享之家（The Commons）是一个商业社区，这里集合了不少有创意的餐厅、店铺。在餐厅烹饪和用餐会散发大量的热量，完全不用空调好像不太现实，但是共享之家确实做到了除商铺之外的公共空间全年无空调，而且为城市营造了一个温馨舒适、充满人气的开放共享空间。

The Commons 商业社区

共享之家商业社区建成于2016年，是一座有四层楼的商业综合体建筑。它并不是一个定位高端、预算充足的"华丽"项目，既不靠近轻轨站，也不在繁华的商业区，而是坐落在曼谷一条不起眼的社区街道上。为了节约成本，寻找一种新的社区商业综合体的发展思路，泰国建筑事务所 Department of ARCHITECTURE 的建筑师大胆提出，商场的整个公共区域内不设置空调，并且不安装自动扶梯。

要完成这项挑战，被动式设计是不可或缺的策略。在曼谷的气候条件下，需要考虑的核心问题是如何减少太阳辐射热的过量进入，如何通过增加空气对流赶走湿热，如何减少日间照明设备带来的额外热量。因此，最适合当地的被动式设计策略莫过于遮阳、自然通风和自然采光。

　　建筑师首先通过高大的柱子把三楼和四楼的建筑体量架起来，制造出底层大面积的阴影区域。在炎热的夏季，路过的人们都会被这巨大的阴凉的空间所吸引，一旦走进去立刻就能感觉到阵阵凉爽。还记得冬暖夏凉的窑洞吗？共享之家底层的下沉式中庭也有类似的效果，在这里空气被冷却，层层叠叠的大台阶和休息空间被绿植点缀，吸引着人们踏入建筑内部一探究竟。

　　通常，商业建筑的外立面会被琳琅满目的广告占据主要位置，内部采光大多依靠人工照明。这样当然可以制造更多的商业氛围，但建筑缺少了自然的采光通风，需要耗费更多的能源来进行人工照

下沉式中庭

明和机械通风。而大量的机械设备又会散热，又需要更多的能耗来制冷，形成了一个恶性循环。共享之家的设计团队就换了一种思路，在三楼和四楼的主要外立面采用了大面积的玻璃，最大限度地引入自然光线，减少人工照明的使用。玻璃幕墙的外面又增加了一层若隐若现的金属网，一方面使得建筑立面有一个干净统一的视觉效果；另一方面起到了一定的遮阳作用。

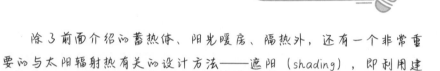
你知道吗？

　　除了前面介绍的蓄热体、阳光暖房、隔热外，还有一个非常重要的与太阳辐射热有关的设计方法——遮阳（shading），即利用建筑构件或装修构件减少太阳辐射热。

　　常见的遮阳措施有增加屋顶的出檐深度、做带顶的外走廊、在窗户上增加遮阳的构件、利用周围的建筑或树木进行遮挡等。遮阳构件的形状和尺寸取决于当地的气候、建筑的朝向和太阳的高度角等因素。

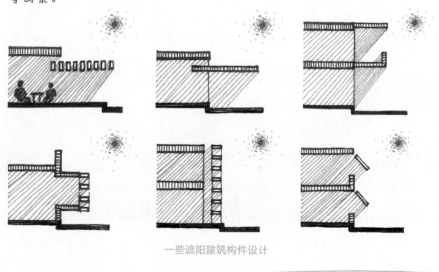
一些遮阳建筑构件设计

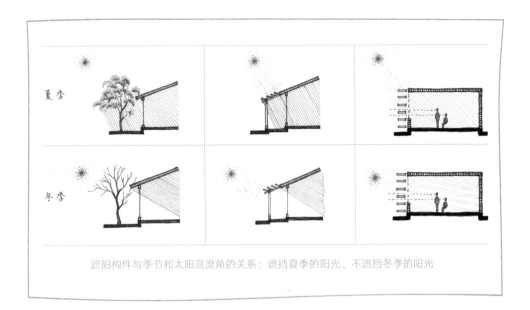

遮阳构件与季节和太阳高度角的关系：遮挡夏季的阳光，不遮挡冬季的阳光

共享之家的中庭是一个垂直的、上下贯通的空间，围绕着它的是交错穿插的楼梯和平台。这样的布置一方面灵活有趣地组织了上下的交通空间，自然地把人引导到不同的楼层；另一方面又形成了一个自然通风的"烟囱"，可以把从底层进入的空气从顶部"抽"出去。

为了增加这种烟囱效应，建筑师在中庭顶部安装了两套大型的工业排风扇。室外的热空气经过底层的阴影区域进入建筑，被降温以后，由中庭流入各个楼层。建筑设备和人散发出来的热量让被加热的空气慢慢上升，又从顶部被排出建筑，达到了很好的通风和降温效果。人们在中庭能感受到微风阵阵，阴凉舒适，既没有闷热的感觉，也不存在空调环境下的干燥和激冷，还省去了公共空间制冷的大笔空调运行费用。

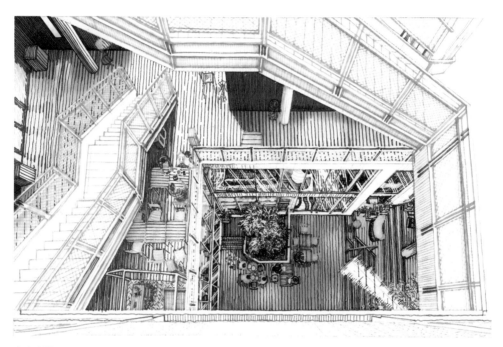

中庭空间

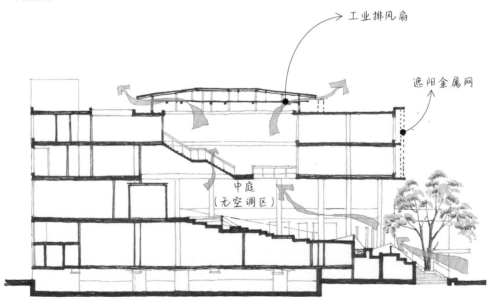

工业排风扇

遮阳金属网

中庭
（无空调区）

通风降温设计策略

你知道吗？

适当的自然通风（natural ventilation）可以加速蒸发并带走多余的热量，保持室内空气清新，是建筑设计不可或缺的被动式设计要素。

空气的流动具有一定的规律，它总是从压力/密度较高的地方流向压力/密度较低的地方。因此，最常见的自然通风有两种方式：

对流通风：在有风的环境中，建筑迎风面和背风面的风压不同。在风压不同的立面上分别开窗或开洞，空气就会从压力大的地方向压力小的地方流动，产生对流通风。

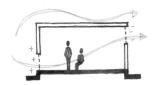

对流通风（平面）　　　　　对流通风（剖面）

烟囱效应通风：热空气的密度比冷空气的低，因此热空气会上升。在一个顶部和底部分别开窗/洞的竖向空间中，会形成烟囱效应，产生从下往上的自然通风。如果我们把"烟囱"的顶部刷成深色，顶部的空气温度会更高，从而加强烟囱效应。

烟囱效应通风

明白了空气流动的规律，我们就可以通过巧妙地设置建筑的朝向和开窗开洞的位置来制造对流通风。例如，建筑开窗面与夏季主导风向呈一定夹角；在建筑不同朝向的墙面设置多个窗户；在墙面的底部和顶部分别开窗；设置风塔增加烟囱效应等。

你看，共享之家是一个商场，但它同时也是一个社区的公共空间，一个可以散步、休息、停下来倾听彼此、享受自然的光线和微风的场所。这里有很多半室外的活动空间，不管是带孩子的家长，还是和朋友相约的年轻人，亦或是想要安静休憩的长者，都可以找到属于他们的活动场所。层层叠叠的台阶充满趣味性，让使用者一边探索不同的店铺和空间，一边不知不觉地走上不同楼层，忘记了寻找电梯的想法。在建筑内部活动时，使用者一样可以看到外面的景物，看到来往的人群，感受一天内光线的变化，而不是像常规的商场一样只有一成不变的人工照明和眼花缭乱的商品展示。这里除了日常的商业活动外，还有很多不定期的工作坊、音乐会、小市集等文化活动。正应了开发者的那句话："我们的目标首先是打造一个社区，其次才是做一个商场"（our intention is to build first a community, then a mall.）。

经济层面，共享之家成功地做到了低造价和低运营费用。不难想象，不用空调和电梯，已经节约了一大笔设备购置费用和运行、维护的费用。简洁的混凝土外露的风格也省去了额外的装修费用。这里并非被大型商场、超市和连锁店占据，而是聚集着一些独具特色的小型餐饮、手工艺、儿童工作坊等店铺。多样化的经济体也为这个商业社区增加了更丰富的趣味和色彩，甚至吸引了源源不断的消费者和观光游客。如果你有机会去到泰国曼谷，你会不会想抽空去这个商业社区亲身体验一下呢？

可见，绿色建筑不但能节约能源，减少排放，更重要的是还能给人的生活提供舒适美好的场所，激发人们合作、交流、学习的欲望，也为人们带来收益和效率。这就好像是，人类和大自然一起跳的一支双人舞。

03 绿色建筑的"正能量"

　　绿色建筑不管是在发展的早期还是现在，都有一个非常重要的任务，那就是"节能"。一开始，人们希望尽可能地减少建筑的能耗。但是聪明又喜欢挑战的建筑师和工程师们发现，他们不仅可以把建筑能耗下降到零，还可以让建筑产生比自己消耗的还要多的能量，让"负能量"变成"正能量"，反哺社区和自然环境。这样一来，建筑就不再是一个只会消耗的机器，而是一个可以再生出更多能源和资源的宝贝。他们是怎么做到的呢？

03-1　建筑的"一辈子"

　　如果我告诉你，一栋房子建成以后可以永远存在下去，你一定不会认同。显然，建筑和人一样，也有一定的寿命。从设计，到材料加工运输，到现场施工，到运行使用，再到最后被拆除，这就是建筑的"一辈子"，我们把它称为建筑的"全寿命周期"（building lifecycle）。

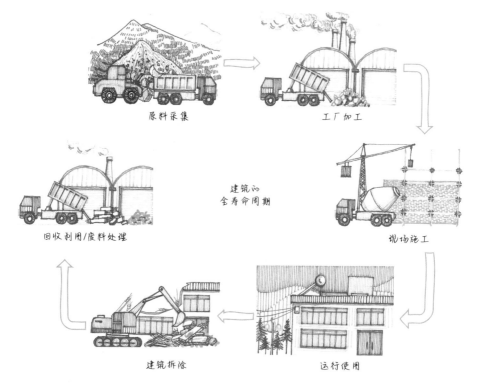

原料采集　　　　　　　　工厂加工

建筑的
全寿命周期

回收利用/废料处理　　　　　　　现场施工

建筑拆除　　　　　运行使用

建筑的全寿命周期

　　当我们想要评估一个建筑是不是可以节约能源、减少排放、经济高效时，不能只看建筑运行期间的情况。计算一下建筑全寿命周期的所有消耗、排放、收益，可能会得出你意想不到的结果。

　　还记得我们在前面讨论的云南农村的新型夯土农宅吗？相信很多人看了会说："现在在农村建一栋砖混结构的房子也很便宜啊，水泥、砖、钢筋，都不贵，为什么还要建土的呢？"那么就让我们从建筑全寿命周期来看一看，在偏远山区建一栋新型夯土农宅和建一栋砖混农宅，到底哪个更合适。

　　从后面的表格不难看出，从全寿命周期的角度进行比较，在地理、气候条件适合，本地有夯土建造传统的农村地区，建造新型夯土农宅，比建造常规的砖混农宅具有更低的环境负荷、更少的经济成本和更高的社会效益，即对当地的可持续发展更为有利。

　　所以在讨论一个建筑的能耗时，我们首先要搞清楚，是在讨论建筑哪一阶段的能耗？如果想要做到真正的可持续发展，最好对建筑全寿命周期的每一个阶段都有相应的考虑，把它们看作一个前后关联的整体。

光明村新型夯土农宅和常规砖混农宅的比较

	新型夯土农宅	常规砖混农宅
材料采集	生土、砾石、砂等主要材料可以就地取材。 环境负荷：较低 经济成本：较低	水泥、钢材等主要材料需要在不同的地方开采再运输。 环境负荷：较高 经济成本：较高
工厂加工	生土不需要烧制，经过简单物理加工即可使用。 环境负荷：较低 经济成本：较低	水泥、砖、钢材等材料需要在工厂中进行高温烧制、锻造等深加工。 环境负荷：较高 经济成本：较高
现场施工	本地村民经过简单培训即可完成施工。可增加当地村民收入，提升村民的能力、自信和归属感。 环境负荷：较低 经济成本：较低 社会效益：较高	需要采用外来工艺，聘请外来施工人员建造，村民需要付费购买大部分的服务。 环境负荷：较高 经济成本：较高 社会效益：较低
运行使用	1. 房屋冬暖夏凉，可以提高舒适度，缩短冬季采暖和夏季制冷设备的使用时长。 2. 建造由本土技术、本土材料、本土工匠完成，维修和维护可以方便地在本地完成。 环境负荷：较低 经济成本：较低 社会效益：较高	1. 房屋往往缺乏足够的保温隔热措施，舒适度较低。想要提高舒适度，需要增加冬季采暖和夏季制冷设备的使用时长。 2. 维修维护使用的材料、技术、工人可能需要从外地采购/聘请。 环境负荷：较高 经济成本：较高 社会效益：较低
建筑拆除、回收利用/废料处理	生土材料无毒无污染，破碎后可回收利用，再次建造生土房屋，或者回归自然。 环境负荷：较低 经济成本：较低	水泥、砖、钢材等材料回收再利用的工序比较复杂，作为建筑垃圾填埋处理，也对环境有一定的影响。 环境负荷：较高 经济成本：较高

你知道吗？

隐含能耗（embodied energy）也被称作物化能耗、虚拟能耗，是指建筑材料的原料提取、加工，制造、储存和运输所需的总能量。

一般来说，需要用到多种原材料，加工工艺复杂/高能耗（如高温烧制、锻造、高压等），生产场地距离建筑场地较远的材料，具有较高的隐含能耗。反之，就地取材，不需要复杂加工的材料，具有更低的隐含能耗。

英国巴斯大学（University of Bath）的可持续能源研究小组（Sustainable Energy Research Team）总结出了一系列建筑材料的隐含能耗（单位：MJ/kg），虽然在不同国家和地区，这个数值会有一些差异，但你可以从下一页的图表中对不同材料的隐含能耗有一个大致的感知和印象。

1996年英国的研究显示，隐含能耗大约占建筑全寿命周期总能耗的20%。建筑的寿命越短，隐含能耗占比就越大。降低隐含能耗是一项需要综合考量的工作。有时候为了提高耐久性，我们不得不使用一部分隐含能耗较高的材料，这时候就需要权衡不同材料的使用位置、用量和起到的作用，正所谓"好钢用在刀刃上"。

不过，有些建筑被拆除的原因并不是材料达到了耐久性的极限，而是功能不再适用，甚至是外形不再亮眼。因此在建筑设计的时候如何通过可变的内部空间、隽永的设计风格等手段尽量延长建筑的使用寿命，也是一个不容忽视的设计命题哦！

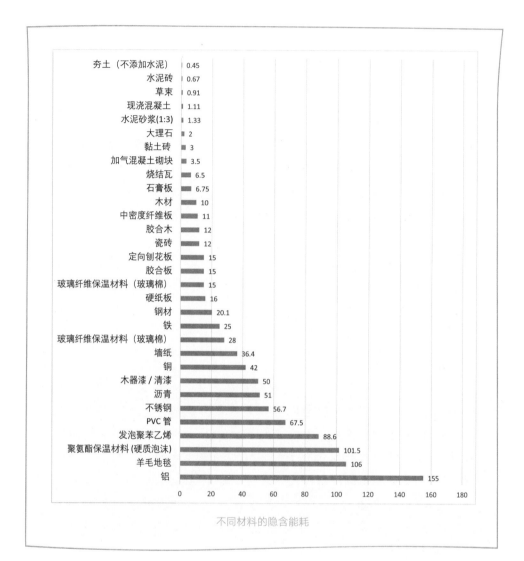

夯土（不添加水泥） 0.45
水泥砖 0.67
草束 0.91
现浇混凝土 1.11
水泥砂浆(1:3) 1.33
大理石 2
黏土砖 3
加气混凝土砌块 3.5
烧结瓦 6.5
石膏板 6.75
木材 10
中密度纤维板 11
胶合木 12
瓷砖 12
定向刨花板 15
胶合板 15
玻璃纤维保温材料（玻璃棉） 15
硬纸板 16
钢材 20.1
铁 25
玻璃纤维保温材料（玻璃棉） 28
墙纸 36.4
铜 42
木器漆／清漆 50
沥青 51
不锈钢 56.7
PVC 管 67.5
发泡聚苯乙烯 88.6
聚氨酯保温材料(硬质泡沫) 101.5
羊毛地毯 106
铝 155

不同材料的隐含能耗

03-2 "零能耗"的住宅小区

"零能耗"住宅,听上去第一反应是不是有点天方夜谭?这么大的一栋房子容纳着这么多的生活工作,分分钟都需要消耗能源,怎么可能做到零能耗呢?其实早在21世纪初,英国人就开始了零能耗建筑的尝试。2002年建成的贝丁顿零能耗生态社区(The Beddington Zero Energy Development,BedZED)就是这样一个在当时引起广泛关注的项目。

不过我必须坦白地告诉你,在零能耗建筑发展的初期,大部分所谓的"零能耗"都是指建筑运行阶段能耗为零,而不是建筑全寿命周期能耗为零,BedZED也不例外。你先不要觉得失望,别说是当时,即使是现在,建筑运行阶段能耗为零也是一项不小的成就。那么这个项目是如何做到的呢?

BedZED位于伦敦郊区,有82个住户单位和2500平方米的办公、工作室、商铺和社区服务空间。这个项目由专注绿色建筑的英国建筑师比尔·邓斯特(Bill Dunster)设计,目标是达到能耗和对环境负面影响的最小化,从而示范一个生态可持续发展的零能耗社区。

贝丁顿零能耗生态社区（BedZED）

　　为了达到这个目标，项目团队从选址上就开始下工夫了。BedZED的选址并没有占用新的耕地或自然林地，而是选在了一个已经被开发过，但目前尚未被使用的地块——一片废弃的厂区上。这样的选址最大限度地避免了对建筑周围自然生态系统的破坏。根据当时会计师的计算，这样低影响、高质量的建筑开发带来的潜在环境效益如果全部折算成金钱，大约价值20万英镑。这样的量化方式很好地体现了项目的优势，也让这个项目得到了当地社区的支持。

　　为了降低隐含能耗，BedZED大量使用了从当地拆除的旧建筑中回收来的钢结构构件和软木墙钉，并大量使用了具有FSC森林认证[①]的木材。大部分的建筑材料和建筑工人都来自距离建筑基地50英里（大约80.5千米）以内的区域。这不仅大大降低了建筑材料的隐含能耗，还促进了当地工人的就业，提高了他们的收入。

　　功能设置上，BedZED不是一个纯居住小区，而是采用了整合居住和办公空间的"工作、生活一体化"做法，以鼓励人们在住所附近工作，减少远距离通勤的奔波和由此产生的能耗及排放。在此基础上，BedZED减少了燃油车停车位，增加了自行车停车位、免费的电动汽车充电站、共享汽车俱乐部，还在社区周边很好地接驳了多种公共交通。这些措施显著降低了使用者驾驶汽车的里程数。

　　在建筑设计方面，BedZE和其他成功的绿色建筑一样，充分回应了当地的气候，采用了科学有效的被动式设计策略。伦敦夏季较短，气候温和，冬季较长，气候湿冷。针对这一气候特点，建筑师团队采用了被动式太阳能采暖和自然通风两个主要的措施。

---

① FSC森林认证，又叫木材认证，是一种运用市场机制来促进森林可持续经营，实现生态、社会和经济目标的工具。它力图通过对森林经营活动进行独立的评估，为消费者证明木材产品来自可持续经营的森林，将"绿色消费者"与寻求提高森林经营水平和扩大市场份额，以求获得更高收益的生产商联系在一起。

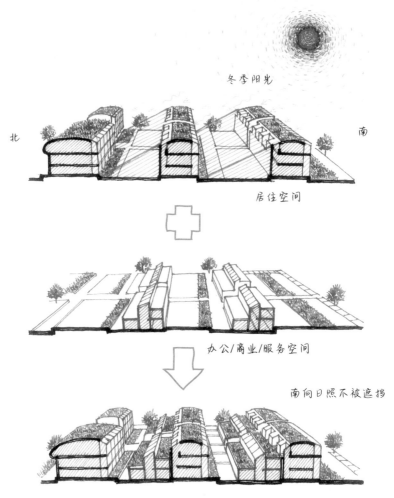

冬季阳光

北　　　　　　　　　　　　　　　　　　南

居住空间

办公/商业/服务空间

南向日照不被遮挡

建筑形体顺应日照角度来设计

　　冬季，南向的大面积玻璃窗可以充分利用斜射进来的阳光对室内进行加热，热量被储存在楼板等蓄热体中，夜晚日落以后热量逐渐释放，可以保持室内温暖。再加上室内人的活动、电器发热以及烹饪等活动发出的热量，足以将房屋加热到人体需要的舒适温度，很大程度上减少了室内空间对供暖的需求。

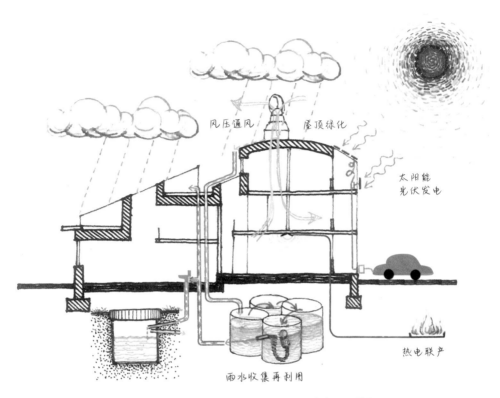

风压通风　　屋顶绿化

太阳能
光伏发电

热电联产

雨水收集再利用

综合考虑被动式设计、可再生能源、水资源再利用

　　夏季，随着太阳入射角度的变化，阳光被外走廊遮挡，不会直接照进室内，一部分日光通过天窗多次反射之后照亮室内，既可以满足采光需求，又避免了过多的热量进入。屋顶使用了300毫米厚的岩棉隔热层，也避免了夏季过热。

　　此外，BedZED的建筑物屋顶、阳台和庭院都有面积可观的绿化。潮湿的泥土可以蓄热，同时植物会发生蒸腾作用，吸收热量。这也进一步确保了室内温度的恒定和舒适。建筑物屋顶上五颜六色的标志性构件，是一个个被动式的风压通风系统，用于加强建筑内部的自然通风效果。

有没有觉得这些设计策略似曾相识呢？是不是和第二章的霍克顿住宅有点异曲同工呀？这两个项目一个在英国诺丁汉郡，另一个在英国伦敦郊区，相距不远，地理和气候条件比较接近，被动式设计的思路相似也就很容易理解了。

良好的被动式设计让BedZED的房屋不需要使用额外的采暖设备，只需要供电和热水，即可满足日常生活的需求。因此，BedZED的主要供能来自热电联产，也就是通过燃烧工厂的锯末废料，为社区提供电力和热水。锯末属于生物质能，是一种可再生能源，同时也是对工厂废料的回收再利用，可谓一举多得。

诚然，BedZED的零能耗并不是真的一点儿能源也不消耗，毕竟人的生活起居总是需要消耗能源的。它的零能耗是指社区内消耗的不可再生能源为零，所有能耗都来自本地生产的可再生能源。也就是达到了某种程度上的"自给自足"。

你知道吗？

- 不可再生能源也叫非再生能源（non-renewable energy），是指在自然界中经过亿万年形成，短期内无法恢复，并且随着大规模开发利用，储量会越来越少，总有一天会枯竭的能源。日常生活中常见的石油、煤炭、天然气这样的化石燃料（fossil fuel）就属于不可再生能源。同理，核燃料、矿产等资源属于不可再生的资源。
- 可再生能源（renewable energy）是指自然界中用之不竭，或者短期内可以循环再生的能源。太阳能、风能、潮汐能、生物质能（比如柴火、沼气）等能源都属于可再生能源。同理，林木、竹材等规模种植且砍伐过后还能再长出来的资源，属于可再生资源。

2003年的监测数据显示，与当时英国的平均水平相比，BedZED节约了88%的建筑采暖能耗、57%的热水供应能耗、25%的用电量（并且全部用电由太阳能和热电联产系统提供）。同时，BedZED还是世界上第一个"零碳社区"。（什么是零碳呢？我在这里先卖个关子，在第四章里再详细讲解。）总之，BedZED作为英国第一个大规模、高密度的零能耗社区，起到了极好的示范作用，让人们对大面积推广零能耗建筑增加了很多信心。它还衍生出了很多后续的推广合作项目，其中就包括2010年上海世博会的零碳馆。

不过，没有一个绿色建筑可以做到尽善尽美。设计得再精巧的建筑，在运行使用阶段还是会经历很多的不确定性。一项2010年的调研数据显示，虽然BedZED的居民和周围邻居对这个社区的满意度都挺高的，但项目存在的问题也很明显。

当时，BedZED的热电联产系统在技术上比较复杂，维护成本也比较高。因为持续存在的技术问题，热电联产系统变得越来越不经济。几经周折，2017年之后，BedZED的热电联产系统只能为社区提供热水，不能再提供电力。而系统使用的生物质颗粒也不再使用当地木材加工废料，而是改为从西班牙采购。

通过对这个项目的反思，人们发现，在一个相对较小的项目中，配齐从能源到水处理的所有设备系统，完全实现项目内的自给自足，并不一定是最高效的。可持续发展需要更大尺度的统筹考量和更多的协作联动。"独善其身"的"乌托邦"式的绿色建筑作为一个示范，是很好的起点和尝试，但人们需要从学习和反思中，把可持续发展的理念推广到更多的层级和更大的范畴，而不是止步于此。

每一个建筑项目在它数十年甚至上百年的寿命中，都难免遇到这样那样的变化和挑战。我们也应该用变化、发展的眼光来看待它。接受变化并准备好迎接挑战，也是建筑师和建筑运营商需要具备的一项重要素质。正如建筑师比尔·邓斯特所说："我们并没有号称这是一个完美的项目，不可否认，它还有进步的空间。"

不管怎样，精明的材料选择和被动式设计还是为这个建筑项目节约了可观的隐藏能耗和运行能耗。后续的不断更新和调整也确保了建筑依然在有效运转。通过建筑师的设计，建筑在如此低能耗的基础上仍然提供了美好舒适的室内环境，受到使用者的认可和喜爱，并且鼓舞和启发了更多的绿色建筑，这也许是BedZED最大的成功之处。

03-3　"正能量"的绿色工厂

"零能耗"就是绿色建筑最理想的目标吗？当然不是。绿色建筑从低能耗，到零能耗，下一步应该是什么呢？位于我国台湾省的欧莱德绿色工厂，不仅做到了消耗极少的能源，而且自己生产的能源超过了自己消耗的能源，多余的能源还卖给了当地的电网，供其他地方使用。这就是我想给你介绍的"正能量"的建筑。

欧莱德绿色工厂位于台湾省桃园市龙潭区，是一家生产有机日化用品的工厂。2006年9月，欧莱德工厂的管理者们坐在旧的工厂会议室里，讨论如何实现工厂和品牌的可持续经营。他们希望，不仅自己的产品是天然环保的产品，生产这些产品的工厂也可以最大限度地与大自然和谐共生。于是他们请来了建筑师洪英进和他的研究团队，希望共同打造一座"绿色化妆品厂"，借此颠覆人们对资源的错误认知和使用方式，积极示范和推动绿色可持续的理念。

经过一年半的调研走访，团队最终选定了桃园市龙潭区一处半山坡的位置，作为工厂用地。这里环境优美，生机盎然，而且地势较高，气温比城市地区低2℃。这里不仅有充足的日照，还因为地形关系造成东北季风在此回吹，所以十分适合采用太阳能和风力发电。

工厂的主体结构使用了清水混凝土。设计团队增加了混凝土中钢筋的保护层设计，最大限度地延长了建筑的使用寿命，让混凝土的使用变得更"划算"。此外，清水混凝土建筑无需外墙装饰，也省去了外墙装饰的材料、人工、维护等产生的能耗。

为了确保挑选出最适合当地气候条件的被动式设计手法，设计团队前后花费了长达两年的时间，收集当地的日照、风向等气候数据和资讯。当地气候最主要的挑战是炎热漫长的夏季，普通建筑的运行能耗大部分都用在了制冷的空调系统上。因此，建筑设计需要避免室内接收到过多的太阳辐射热，同时又要最大限度地引入自然光线，减少人工采光。设计团队采用了把主要办公空间放在朝北的位置，利用北向的大落地玻璃作为主要采光面的做法。而朝南的立面使用了较为封闭的混凝土实墙，只设置了开口较小的隐藏式通风窗。这样的朝向同时也顺应了当地的主导风向，利于建筑的对流通风。

这种坐南朝北的设计是不是颠覆了你对建筑朝向的认知呢？其实窗户朝南的惯例也未必是万能公式，还需要考虑当地的实际情况。比起不加理解地套用公式，我反而更欣赏这种尊重场地现状，依据每个场地不同的条件和背景，采用最适合的策略的"此时此地营造法"。

此外，设计团队还充分利用了自然通风和最简单的通风降温设备——吊扇，来给建筑内部降温。为了不阻挡室内的空气流动，不同办公室之间采用透明玻璃隔断，并且在顶部和底部留有空隙。办公室内部空间全部取消了一般办公室常用的隔间屏风。公司负责人表示："我们公司一切都很公开透明，但缺点是比较吵，大家讲话都很大声！"而员工却认为，少了屏风，同事之间反而比较容易联络感情，可随时互动，这也是工作上的一个便利之处。

欧莱德绿色工厂

建筑的南立面

你知道吗？

在温暖湿润的热带亚热带季风气候的作用下，有时候气温虽然不算太高，但湿度很大，这种天气容易使人感觉闷热不适。此时如果打开空调，需要把温度调得更低，才有凉快、干爽的效果，但这样又会太冷，而且会消耗更多的能源。其实还有一个更简单、高效的方法，就是使用风扇。

现在的家庭装修中，安装吊扇或壁挂式风扇已经不太常见了。但在空调还不普及的年代，风扇可是每个家庭必备的家用电器。在天气有点闷热的时候，风扇可以增加对流，通过蒸发人皮肤表面的汗水，降低体表温度，提高人体舒适度。和空调比起来，风扇的能耗更低，安装和维护也更为简单。

当然在十分炎热的时候，风扇不能完全代替空调，但在从不热到酷热的过渡时间段，或者在气温稍微下降，人们躺着安静休息的夜间，使用风扇是一个不错的选择。在环境意识逐渐增强的今天，风扇又开始重新走进人们的视野。有和顶灯一体化设计的吊扇灯，也有充电式的无线立式风扇或台式风扇可以灵活移动。你愿不愿意在有一点闷热的时候优先使用风扇呢？

要实现建筑的"正能量"，生产可再生能源的装置必不可少。除了安装风力发电机组外，欧莱德绿色工厂的屋顶还有11组大小不一的圆形太阳能光电板，利用当地充足的日照，源源不断地为建筑提供电力。这些太阳能光电板略朝南倾斜，以获得最佳的日照。它们就像11片树叶，沐浴阳光，进行着"光合作用"。

通过这样"多管齐下"的设计，欧莱德绿色工厂每年需要开空

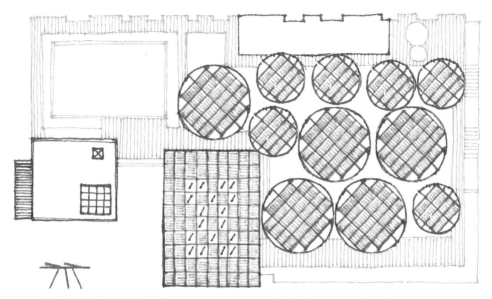

光伏发电板底部架空板面略微
倾斜以获得最佳的发电效率

建筑屋顶上的光伏发电板

光伏发电系统

调的时间只有不到两个月，而且每天需要开空调的时间只有6个小时。相比当地一般的公司，可以节约62.85%的用电量。

太阳能光电系统与风力发电机组不仅提供了厂区所有的用电，还有多余的电力回售给电力公司，让更多的人使用到了可再生能源。而欧莱德公司也在四年的时间里赚回了新台币210万元（人民币约47万元）的电费。

当然，要建造这样一座绿色工厂，初期的投入也不是个小数目。资料显示，欧莱德绿色工厂的建筑面积是1684.35平方米，总工程师造价是新台币90 000 000元，折合人民币约20 691 000元。折算到每平方米造价，高达12 284.26元。不过，如果建筑运行阶段电费全都自给自足，不用花一分钱，而且还可以出售多余的电力，那从长远来看，初期的高投入也能随着时间的推移慢慢平衡。

你看，绿色建筑不仅仅是高新技术和新奇的点子，它其实还是一本账。对业主或投资人来说，要做到经济、高效，谁也不愿意做赔本生意。对更大的环境甚至地球来说，也要计算消耗的能源、资源，排放的污染、温室气体，是否能被创造的环境益处慢慢抵消，达到"收支平衡"。这个关于算账的话题，我们会在本书的第七章里展开讨论。

你知道吗？

太阳能光电系统可以在太阳光的照射下，通过半导体晶片将太阳能转化为电能。与其他的能源生产方式相比，它没有传动部件，因此不会产生噪声；没有燃烧过程，因此不需要燃料；而且阳光可以看作取之不尽，用之不竭，没有成本的资源，因此作为一种绿色能源，太阳能越来越受到人们的青睐。

太阳能光电系统可以分为独立发电系统和并网发电系统两大类。

· 独立发电，顾名思义，是一套太阳能光电系统单独为一个建筑物/建筑群进行供电的模式。它以蓄电池为储存电力的元件，在白天日照充足时将太阳能光电系统产生的剩余电力储存起来，在夜间或者由于天气等原因导致阳光不足的时候，用储存在蓄电池里的电力维持建筑的正常运作。

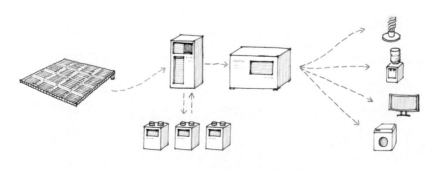

独立发电

· 并网发电，则是将太阳能光电系统连入城市的供电网络，把城市电网当成储存电力的元件。太阳能光电系统会优先提供电力给自己的建筑使用，当产生的电力超出自己的消耗量时，多余的电力则会被传输到城市电网。这样，就实现了可以出售清洁能源的"正能量"操作。

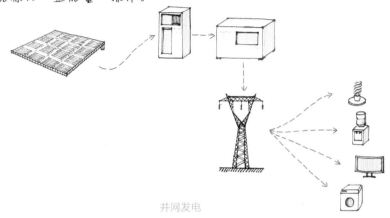

并网发电

当然，没有哪一种系统是十全十美的，太阳能光电系统也有它的局限性。

一方面，日照能容易受到地理位置、气候条件、季节、天气等环境因素的影响，需要通过储存装置保持供能的稳定。这就增加了技术上的难度，也增加了造价。另一方面，虽然到达地球的太阳能总量非常大，但是它的能量密度比较低。所以转化太阳能的装置需要有足够大的面积，才能收集到足够多的能量。这样一来，建造太阳能系统的成本也会相对较高。而且，生产太阳能光电板、蓄电池等零部件的过程也是需要消耗能源和资源的，也会有相应的排放。需要做好全寿命周期的排放管理，才能真正实现生态可持续。

不过，当今的科技日新月异，或许当你看到这本书的时候，新的技术已经迭代了若干次，问题正在一个一个得到解决。还是那句话，咱们需要用发展的眼光看问题。随着技术的进步，人们一定能找到越来越高效、可持续的能源供应方式。

值得一提的是，欧莱德绿色工厂的基地在郊区，原本就有良好的植被和自然环境，是青蛙、鸟类等很多小动物的栖息地。建筑师也在景观设计上做了充分的考虑，让它们的生存环境尽量不受破坏。

建筑的周围植被丰富，60多棵大树和超过1万株的植物营造出了一片生机盎然的景观系统，大量原生的阔叶树木得到了很好的保留。建筑的屋顶有绿屋面和空中花园，种植的都是不需要太多人工养护的本土植物。植被不仅可以给建筑降温，减少空调的使用，还可以为鸟类和昆虫提供栖息的场所。降落到屋顶的雨水，可以首先冲刷太阳能光电板上的灰尘，而后浇灌屋顶的绿植，在被植物底下的土层和卵石层过滤后，流入地面的生态池。建筑周边设置的水循环生态池，可以储存回收的雨水并净化水质，还能为当地的昆虫、小鱼、青蛙、鸟类等小型动物提供栖息地，创造充满野趣的生态系统。

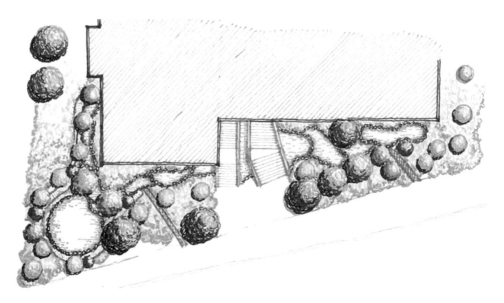

建筑周边的水池、绿植等生态景观设计

这样一来，建筑不仅为人类提供了舒适的工作环境，也兼顾了动、植物的生存繁衍。而为动、植物提供栖息地的做法，又反过来节约了建筑的用水和能耗。怎么看，这都是一举多得、和谐共赢的好办法！

你知道吗？

虽然人类把自己称作"万物之灵"，但人类的生存繁衍不能脱离地球的生态环境。在这个蔚蓝色的星球上，除了人类外，还有800万种动、植物。我们相互依存，形成一张巨大的生命之网，其中每个成员都扮演着重要的角色。

"生物多样性"（biodiversity）就是指地球上生命形式的多样性，它包括地球上所有的物种、它们栖息于其中的生态系统，以及物种内/物种之间的遗传多样性。

生物多样性是支持陆地和水下所有生命的基础，它也影响着人类健康的各个方面。它在维持气候，保护水源、土壤和维护正常的生态学过程上，对整个人类贡献巨大。遗憾的是，人类活动已经不可避免地改变了陆地和海洋的环境。城市的扩张和人类对自然资源的索取使得动、植物的栖息地一再缩小，人类活动产生的二氧化碳不仅导致气候变化，也导致了海洋的酸化，威胁着海洋生物的生存。生物多样性的丧失将对人类造成严重影响，包括粮食和公共卫生系统的崩溃。

因此，如何在建造人类居所的过程中，最大限度地降低对生物多样性的影响，甚至设法提高一个地区的生物多样性，是一个负责任的建筑师必须考虑的议题。我们不光是在建造人类的生存空间，也是在和所有的动、植物共享着地球这个我们唯一的生存空间。

和"碳排放"的较量

　　除了"绿色建筑"以外，你可能常常在媒体上看到"低碳建筑""零碳建筑"这样的说法。这里的碳，到底指的是什么？建筑和碳为什么能扯上关系呢？本章就来和你分享一下建筑师和"碳排放"的较量。

04-1 气候变化的"罪魁祸首"

你还记得咱们前面讲到过的绿色建筑概念的起源吗？在20世纪中后期，工业化导致的环境污染问题让人们第一次意识到环境保护的重要性。那么，是不是治理好工业污染的问题，环境问题就解决了呢？事情远比我们想象的复杂。随着时间的推移，人们发现，单纯控制污染并没有彻底解决环境问题，而新一轮的环境污染问题影响范围更广，影响的因素也更复杂。全球气候变化（climate change）就是这样一个影响范围非常广、影响程度非常深的问题。

科学研究发现，地球大气中温室气体的浓度会直接影响全球的平均气温。而自工业革命以来，人类活动导致温室气体的浓度快速、持续上升，全球平均气温也随之持续增加，其变化的速度远远超出了地球自然的气候变迁和生物演化的速度。随着科学研究的不断推进，主流科学界认为，越来越多的证据表明，这种"不自然"的气候变化是真实存在的，并且对生态环境和人类生活有着巨大的影响。而人类活动造成的大量温室气体排放就是气候变化的"罪魁祸首"。

你知道吗？

当太阳辐射到达地球以后，一部分能量被反射回太空，另一部分能量（主要是长波辐射）则被大气层吸收并在大气层内部来回反射。温室效应（greenhouse effect）就是指行星的大气层吸收太阳辐射能量并在内部反射，让行星表面温度升高的效应。

大气层中能够吸收长波辐射，"储存"太阳辐射热的气体，就叫温室气体（greenhouse gas, GHG）。水蒸气、二氧化碳、甲烷、氧化亚氮和氟化气体是最主要的温室气体。

在所有温室气体中，二氧化碳对温室效应的贡献最高，所以它也成为控制气候变化的重点关注对象。人们用排放二氧化碳的重量来作为温室气体排放的衡量标准，简称碳排放量。

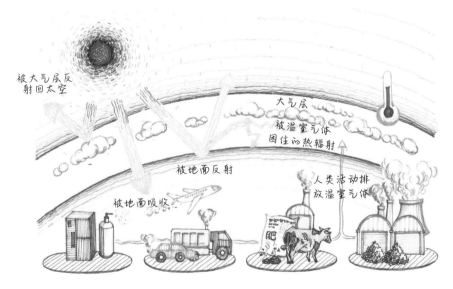

被大气层反射回太空

大气层

被温室气体困住的热辐射

被地面反射

人类活动排放温室气体

被地面吸收

温室效应

　　地球的温室效应有点类似于我们为蔬菜或热带植物建立的温室，这也是温室效应这个名字的由来。而前面提到过的绿色建筑常用的被动式设计手法——阳光房，也是利用了同样的原理。你看，同样一种效应，发生在不同的地方，可能会导致截然相反的效果。温室对大棚蔬菜来说很好，但地球的温室效应对我们人类来说就不太好了。全球平均气温的加速上升会导致海水变暖、冰雪覆盖量减少、海平面上升、极端天气增加等一系列全球性问题甚至灾难。生态系统和地球气候系统也会随之失去平衡，严重威胁到动植物和人类的生存。

　　人类活动中，化石燃料的燃烧、农业和工业生产都会排放温室气体。自工业革命开始以来，人类已将大气中的二氧化碳浓度增加了48%。减少碳排放，是遏制温室效应、减缓全球气候变化的首要任务。

　　由世界气象组织和联合国环境规划署共同建立的联合国政府间气候变化专门委员会（The Intergovernmental Panel on Climate Change，IPCC）通过定期发表评估报告，为气候变化提供可靠的科学信息。科学家们预测，只要气候变暖1.5℃，全球将遭受许多严重的不利影响。生活在海边的居民可能会失去赖以生存的土地，更多的极端天气和自然灾害可能导致粮食减产，渔业资源减少，生态平衡遭到破坏，这一系列的连锁反应会让更多人陷入贫困，乃至生命安全受到威胁。如果气候变暖2℃，不利影响可能加倍，甚至更多。为了我们和子孙后代的生存和发展，人类应该想尽一切办法，避免这种情况发生。

　　想要把全球气候变暖限制在1.5℃，需要各个国家各行各业共同努力，全面减少碳排放。2030年，全球的人为二氧化碳净排放量必须比2010年减少约45%，到2050年左右实现"净零"排放。这场浩大的工程不是一个国家或者一个地区能独自完成的，而是需要全世界共同努力。虽然人类活动对环境造成了很多不利影响，但能够力挽狂澜、扭转这一局面的也许也只有人类。人类似乎从来没有像今天这样深刻地意识到，地球和大气环境是全人类共同享有的宝贵财富。不管你愿不愿意，我们的命运已经如此紧密地联系在一起。正因为如此，我们需要建立巨大的信心和对彼此的信任。相信人类作为一个整体，有反思和调整自己的能力，相信为了一个共同的目标，在自己付出努力的同时，别人也正在付出努力。

那么，如何才能减少碳排放呢？首先，当然是尽量减少或替代会排放二氧化碳的人类活动，倡导更理性、更负责任的消费观念和生活方式。其次，由于目前我们使用的大部分能源都是煤、石油、天然气等化石能源，这些能源的燃烧都会排放大量的二氧化碳，因此用太阳能、风能、水能、潮汐能等不产生二氧化碳的能源代替一部分化石能源，也是减少碳排放的重要策略。

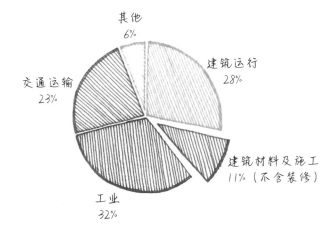

其他
6%

建筑运行
28%

交通运输
23%

建筑材料及施工
11%（不含装修）

工业
32%

全球二氧化碳排放的各行业占比

此外，通过森林植被的光合作用吸收空气中的二氧化碳，将其转化为木材等固态形式，也是降低空气中二氧化碳浓度的一个重要手段。这样，减少、替代、固碳三管齐下，才能更好地减缓和遏制气候变化。

建筑和人们的生产生活息息相关，因此建筑也是能源消耗和碳排放的"大户"。目前，我们生活的大大小小的城市贡献了全世界大约70%的碳排放，而建筑产生的碳排放大约占每年全球碳排放总量的40%。

和能耗类似，建筑的碳排放也可以分为隐含碳排放（embodied carbon emissions）和运行碳排放（operational carbon emissions）两大类。隐含碳排放指建筑材料和各种零部件在生产运输的过程中产生的碳排放。降低隐含碳排放需要我们在设计阶段巧妙选择建筑的材料、结构、建造方式。一旦建筑建成，隐含碳排放也就被固定，不能再改变。运行碳排放是指建筑运行过程中，采光、通风、采暖、制冷等各种设备系统运行所产生的碳排放。在建筑设计阶段，可以通过被动式设计降低预期的运行碳排放，同时在建筑运行期间，还可以通过对建筑系统和能源设施的升级改造来进一步减少运行碳排放。

让我们再回过头来比较一下绿色建筑和低碳建筑这两个概念。绿色建筑和低碳建筑都希望尽量减少能耗，不过绿色建筑除了节能，还要考虑建筑对生物多样性、人的舒适度、经济效率等其他方面的影响；而低碳建筑强调的侧重点集中在节能、用清洁能源替代化石能源，还有利用植物的光合作用进行固碳。这两个概念在很多方面有共通之处，但又不完全相等。

你可能还会发现，有些建筑既是零能耗建筑，又是零碳建筑（比如前面提到的英国贝丁顿社区），说明这两个概念并不矛盾。很多时候，优秀的建筑总能"多管齐下"，节能和减碳都兼顾到。而归根结底，无论是绿色建筑还是低碳建筑，目的都是为了实现人类的可持续发展，这个大的原则是被诸多理念所共享的、最根本性的原则。

截至2015年，建筑能耗中仍然有82%由化石能源提供。可见在这方面，我们还有很大的进步空间。

04-2　零碳建筑是什么样子的?

一般来说,零碳建筑是指建筑本身每年的净碳排放量为零的建筑。和零能耗建筑类似,很多时候大家看到的所谓零碳建筑并不是全寿命周期的碳排放都为零。我们对零碳建筑的研究和实践还处在一个探索和前进的过程中。

不过也不要小看这个"运行零碳",要做到这一点并不容易,需要下一番功夫。而想要进一步达到真正的全寿命周期"零碳",则需要通过多种方式的平衡抵消来实现。

2012年6月在香港落成的"零碳天地"(zero carbon building,ZCB)就是这样一座零碳示范建筑。它由香港建造业议会和香港特区政府合作开发,旨在为香港提供一个低碳/零碳的技术示范、智慧城市科技及低碳生活方式的展览、教育和资讯中心。

打造一个零碳建筑,"零碳天地"分三步走。我们来看看具体是怎么做的。

第一步: 选择隐含碳排放较低的建筑材料和施工方式。"零碳天地"广泛采用了木材、竹材、植物纤维等可再生而且可以"固碳"的材料,用于建筑的地板、隔断、内装等。在景观部分,也选择了工地拆卸回收的建筑废料,用金属网箱固定起来,作围墙使用。

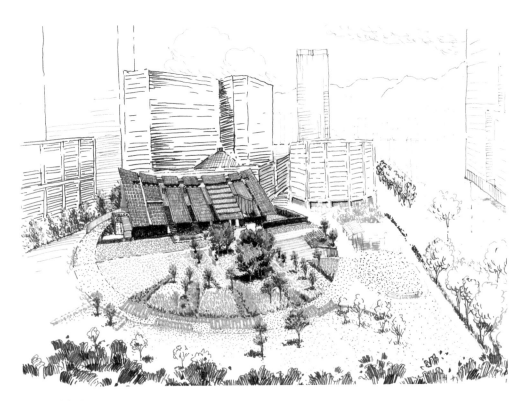

零碳天地鸟瞰

第二步：通过被动式设计和高性能的建筑设备系统，最大限度地降低建筑的运行能耗。"零碳天地"根据香港湿热的气候，选用了增加自然通风、遮阳、屋顶隔热、间接日照采光等设计策略。

通风：建筑主立面朝向东南方向，可以有效利用夏季的盛行风，为建筑降温。建筑中部有贯通的廊道，形成对流通风，进一步降低湿热天气带来的不利影响。建筑屋顶的两个捕风器可以借由屋顶空气流动形成的风压，将空气自上而下引入室内，保持室内清凉。

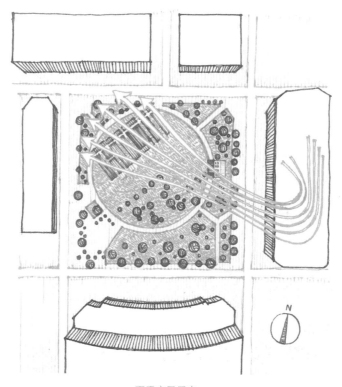

夏季主导风向

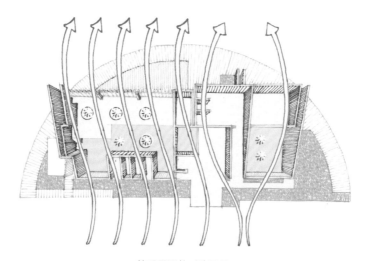

前后贯通的对流通风

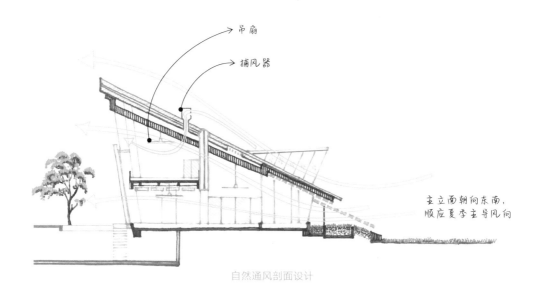

吊扇

捕风器

主立面朝向东南，
顺应夏季主导风向

自然通风剖面设计

隔热：建筑的南向屋顶上覆盖着厚厚的泡沫玻璃隔热层，屋顶上85%的面积覆盖了太阳能光电板，剩下的15%是绿屋面。

遮阳：建筑屋顶的出檐为建筑外墙面和外走廊提供了遮阳，两侧的玻璃外墙也采用了室外竖向遮阳措施。

天然采光：建筑的西北立面作为主要的采光面，安装了反光板，可以把日光反射到室内较深的位置。建筑物中心的屋顶上还安装了导光管，以弥补室内亮度的不足。建筑的玻璃幕墙系统采用了低导热度和高透光度的高性能玻璃，降低热辐射的同时确保了良好的采光效果。（这种南立面遮阳、北立面采光的方式，有没有让你联想到上一章的欧莱德绿色工厂呢？）

通过这样的被动式设计，"零碳天地"很好地解决了当地气候潮湿炎热的问题，最大限度地减少了机械通风系统、空调、室内照明系统的使用时间，比采用标准设计的同类建筑节约了15%～20%的能源。

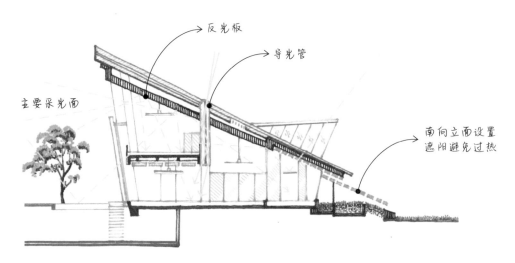

反光板

导光管

主要采光面

南向立面设置
遮阳避免过热

自然采光设计

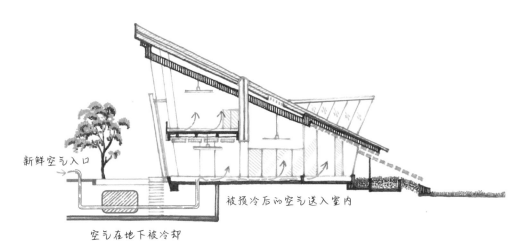

新鲜空气入口

被预冷后的空气送入室内

空气在地下被冷却

地下预冷管示意图

在此基础上，"零碳天地"采用了高效节能的智能化建筑设备系统。比如，建筑各个公共空间都安装了大型的吊扇，同时将制冷系统和抽湿系统分离，在有一点潮湿闷热的日子里，只打开抽湿系统搭配吊扇，就能达到舒适的效果。还有，建筑安装了地下预冷管系统，可以利用地下和地表的温差，将外部空气预冷之后再导入室内，减少了空调系统的负荷。另外，建筑还使用了可调节的天窗、热反射的窗帘等辅助设施。

这些设备都通过智能化的系统来控制，大大优化了建筑整体的性能表现。智能的楼宇设备管理系统可以监控建筑的通风、照明、电力、防火等系统，自动检测建筑运行情况，对整个楼宇的机电设备进行环境性能评估及优化。它还设有四个微气候监测站，可以评估建筑物的环境和周边环境的相互影响。

这样的一套"组合拳"下来，又为整个建筑减少了33%的潜在能源需求。

第三步：用可再生能源为建筑持续稳定地供能。

"零碳天地"大大的坡屋顶上覆盖了太阳能光电板，可以为建筑提供57%的电能。建筑还安装了生物柴油三联供系统，利用废烹饪油制成的生物燃料为建筑提供电能，供电过程中产生的废热还可以用于制冷及除湿。

事实上，这个项目利用可再生能源所产生的电力已经超过建筑自身所需要的电力，多余的部分可以回输到城市电网。所以这也是一座不折不扣的"正能量"建筑。它每年电力的盈余大约可以达到15%，足以在日后逐步抵消建筑材料和建造过程中产生的隐含碳排放，达到真正的全寿命周期零碳。

"零碳天地"的预期使用寿命是50年。根据估算，在这50年中，它可以抵消约7100吨二氧化碳，相当于节省超过1150万元港币（约合人民币982万元）的电费和超过308 700棵树木的固碳作用。普通建筑运行的每一天都在消耗能源和资源，但"零碳天地"这样的可持续建筑运行的每一天都在对环境做贡献，可以说用得越久，对环境越有益。

除此之外，"零碳天地"在保护生物多样性、节约水资源等方面也考虑得十分周到。它在场地中建造了包含40多种香港原生树种的2000平方米都市原生林，在保护野生动物、改善空气质量、改善微气候等方面都有所贡献。植物的生长也可以进一步将空气中的二氧化碳固定下来，起到减碳的作用。它还使用了雨水收集系统和节水灌溉系统。环保厕所采用了低流量的洁具和中水回收系统，相比传统洁具节水40%。

2021年，"零碳天地"进行了升级改造，新增了不少最新的绿色建筑技术，包括预制装配式建筑技术展示中心、带有自清洁和空气净化功能的新型太阳能玻璃天幕、低维护绿化植物墙、节水草地种植系统、养耕共生水池、环保栽种林径、夜间自发光缓跑径等。每一次的更新迭代都会改变建筑的能耗和环境质量，让建筑的表现更加接近人们的理想状态。虽然在寸土寸金、高楼林立的香港，大部分建筑在节能减排上还不能做到这么纯粹，但"零碳天地"依然为香港示范了适合当地气候的零碳设计理念和生活方式，迈出了香港零碳建筑重要的第一步。同时，这里也为高密度的城市提供了一个供市民休憩、孩童玩耍的公共空间，让快节奏的都市生活有了可以停下来舒展身心和发挥灵感的角落。这里常常举办创意市集、低碳婚礼、绿色工作坊、低碳音乐会、节日庆典等活动，吸引着更多的市民亲近和了解低碳生活的理念。

04-3 潜力巨大的旧建筑更新

既然零碳建筑有这么多优点,是不是应该把所有新建建筑都变成零碳建筑呢?虽然现在很多国家都在朝着这个目标迈进,但其实光做到这一点还远远不够。

建筑比我们日常生活中使用的大部分产品寿命都要长很多。现在已经建成的建筑中,大约2/3到2050年仍然会存在。事实上,新建建筑只占总体建筑存量的一小部分。与新建建筑相比,大量已建成的建筑造成的能耗和碳排放要大得多。

因为建成年代、技术水平等原因,很多旧建筑没有做到高能效设计,这些低能效建筑每天的运行都在消耗大量的能源,造成大量的碳排放。因此我们不仅要在规划和设计新建筑的时候全方位减少碳排放,更要通过各种手段对已经存在的建筑进行改造升级,减少这部分建筑运行过程中产生的碳排放。

你知道吗？

在我国的绿色建筑发展过程中，既有建筑的节能改造是重点工作之一。

截至2015年底，我国北方采暖地区共完成了既有居住建筑节能改造面积约9.9亿平方米，惠及超过1500万户居民，每年可以节约650万吨标准煤，老旧住宅的舒适度有了明显提升。此外，农村建筑、公共建筑的节能改造也在逐步推进。

但与此同时，我国的绿色建筑发展还面临着不少的挑战。城镇既有建筑中仍有约60%为不节能建筑，可再生能源在建筑领域的普及还有很大的空间。

说到旧建筑改造，有一个非常著名的项目你一定要了解一下，那就是德国柏林的国会大厦改造项目。

这座历经上百年沧桑的历史建筑，在英国著名建筑师诺曼·福斯特（Norman Foster）的改造下，不仅成功地恢复了气势恢宏的风貌，更在改造完成之后将建筑运行的碳排放从原来的每年约7000吨降到了每年约440吨。一座已经建成的建筑，还能通过改造如此大幅度地减少碳排放，究竟是怎么做到的呢？

建于1894年的德国国会大厦原名帝国大厦，是一座有着中央穹顶的宏伟庄严的巴洛克式建筑。在"二战"期间经历过火灾和战争的洗礼之后，中央穹顶不复存在，建筑内部也千疮百孔。冷战结束后，德国国会决定重新将帝国大厦作为国会办公场所，并改名为德国国会大厦。

究竟应该怎么修复这座如此重要的建筑？这无疑是一个艰巨复杂的工程。经过80名德国籍建筑师和13家非德国建筑事务所的竞赛，最终有三个方案入围。其中一个就是由诺曼·福斯特提出的用半透明玻璃屋顶将原有建筑整个覆盖的方案。

帝国大厦原貌

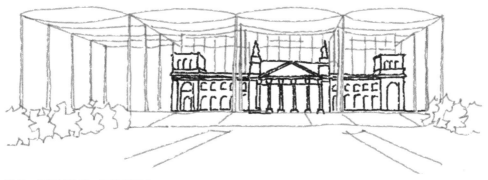

诺曼·福斯特的第一版方案草图

在第二轮竞赛中，由于国家财政的现实情况，三位入围建筑师不得不开始削减改造方案的预算。福斯特从头开始，提出了四个备选的方案。由于原有的帝国大厦这个古典建筑的形制太深入人心，作为国会大厦，穹顶也代表着明显的政治色彩，最后，福斯特不得不做出妥协，为新国会大厦设计了玻璃穹顶。虽然建筑内部的功能和空间都与以往不同，但外立面和穹顶形式得以保留，留住了这座城市的所有者对自己曲折历史的追忆，以及建筑作为城市地标的吸引力。

别看都是穹顶，福斯特设计的穹顶和19世纪的穹顶可真不是一回事。事实上，这个当初非常具有争议性的穹顶，后来成了整个改造项目中最吸引人的部分。它的直径达40米，高度为23.5米。福斯特巧妙地结合了被动式设计，将玻璃穹顶做成了引入自然光线和制造自然通风的绝佳媒介。

德国国会大厦（修复后）

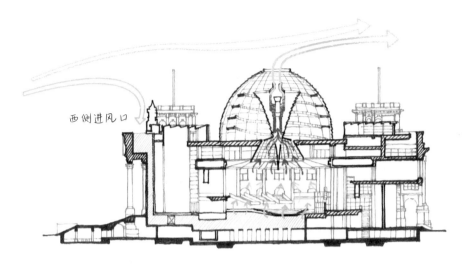

西侧进风口

被动式通风设计

　　在通风设计上，新鲜的空气从建筑西侧的进风口被导入，经由议会大厅地板上许许多多的小出风口缓慢渗入大厅内部。根据之前提到过的"烟囱效应"，受热的空气随后上升到大厅顶部，最后通过穹顶中央倒锥体结构中的风道被抽出室外。

　　在采光设计上，穹顶中的遮阳板将一部分过于强烈的日晒遮挡削弱，剩下的光线通过中间倒锥形结构上镶嵌的360片镜面玻璃，被反射到穹顶下方的议会大厅中。同时建筑师还在玻璃穹顶内设计了240米长的螺旋上升的坡道，将游客吸引到穹顶上部的观景台。在这里，游客可以俯瞰新国会大厦晶莹剔透的玻璃穹顶，又可以眺望柏林的绝佳城市风景，可以说是游览必去的"打卡"胜地。

　　走到国会大厦的穹顶最顶端，议会大厅内部的景象也尽收眼底，这无疑是改造设计上一个大胆的突破。它把政治建筑那种冰冷、严肃略带死板的印象一扫而光，给人带来了精致、高科技、有未来感的空间体验，还增加了更多的亲和力。

穹顶内部

穹顶下方的会议大厅

最大限度地利用自然采光和通风已经节约了不少能耗和碳排放，但建筑师的工作并没有止步于此。帝国大厦原先自带的发电系统采用矿物燃料发电，年二氧化碳排放量可达7000吨。新国会大厦的热电联产设备采用了植物油中提取的生物燃料，这种可再生的清洁燃料可以大幅降低二氧化碳排放。此外，大厦屋顶还装有300多平方米的太阳能光电板。这些措施满足了新国会大厦及其周边议会建筑超过80%的电能需求。

柏林的气候冬冷夏热，建筑的运行能耗中，冬季采暖和夏季制冷的能耗占了很大比重。针对这一特点，帝国大厦采用了因地制宜的地下热储存系统，在冬季将冷水储存在地下60米左右的冷水含水层，供夏季制冷使用；将夏季热电联产设备产生的多余热能储存在地下约320米深的温水含水层，供冬季建筑供暖使用。研究人员的监测和计算结果显示，这套系统的运转十分高效和稳定，储存的热量在运输途中的损失最多不到30%。

既展现了美轮美奂的玻璃穹顶，又兼顾了多项被动式设计和高效的建筑设备系统，诺曼·福斯特和他的团队在面对实际问题时虽然有妥协和调整，却依然为这个差点毁于一旦的老旧建筑赋予了勃勃生机。

其实很多时候，建筑师就是这样一个角色，既要有自己的想法和创新，也要尊重和权衡委托方、承建商、用户等其他持份者的意见和需求，要考虑资金是否足够，还需要和结构工程师、水电工程师、暖通工程师等专业人士沟通协作。只有不同持份者的意见充分交换和碰撞，奇妙的"化学反应"才会产生，最后往往会得到让人意想不到的惊喜。

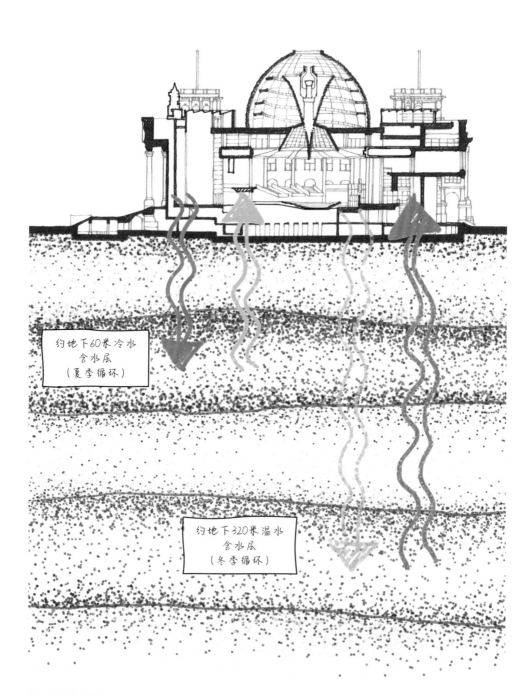

约地下60米冷水
含水层
（夏季循环）

约地下320米温水
含水层
（冬季循环）

地下热储存系统示意图

你知道吗？

    既有建筑的改造也不都像柏林国会大厦这样"高大上"。事实上，在我国寒冷地区和夏热冬冷地区，住宅建筑的节能改造工作一直在稳步推进，且已经惠及了上千万居民。根据住房和城乡建设部2012年发布的《既有居住建筑节能改造指南》，住宅建筑的节能改造主要有以下四个方面的内容：

    （1）外墙、屋面、外门窗等围护结构的保温改造；

    （2）采暖系统分户供热计量及分室温度调控的改造；

    （3）热源（锅炉房或热力站）和供热管网的节能改造；

    （4）涉及建筑物修缮、功能改善和可再生能源采用等的综合节能改造。

    与新建建筑不同的是，旧建筑改造通常需要在建筑有人居住的情况下进行，要充分调研好住户的情况，做好公众的宣传沟通工作，答疑解惑，征得住户的谅解和配合，保障住户和施工人员的安全。在改造完成之后，还要发放使用说明书，指导居民正确使用节能设计，形成良好的节能习惯。

05 给城市"退烧"

　　建筑物不是孤立存在的，它们和周围的道路、广场、公园等人工建造的环境一起，构成了一个整体。我们需要在更大的尺度上系统地考虑建筑环境的可持续性，比如，城市的尺度上。除了对建筑进行科学细致的设计外，城市建设中还有哪些方面与可持续发展相关？让我们先来看看怎么给城市"退烧"吧。

05-1 "发烧"的城市

不知道你有没有这种感受，城市里的夏天似乎越来越热了。现在我们对空调司空见惯，感觉夏天越来越离不开它，但其实空调的普及只不过是最近几十年的事情。以前并不是家家都有空调，很多办公场所、公共场所也不一定有空调，那时候的人们好像也照样过日子。为什么现在夏天没有空调就不行了呢？是我们变娇气了吗？

你可能联想到了上一章提过的全球气候变化。的确，气候变化导致的极端天气增加，会让夏季酷热的天数变多，但这并不是城市越来越热的唯一原因。一方面，我们对室内环境温度的容忍度可能变低了。以前稍微有点热，吹着电扇也能接受，现在觉得清爽不出汗才是真正的凉快。另一方面，我们的城市也确实越来越热了。城市热岛效应（urban heat island effect）是一个让"水泥森林"温度升高的重要原因。

就目前的研究结果来看，随着城市的建设和发展，城市热岛效应还在逐年加剧。热岛效应带来的室外空间舒适度降低、建筑制冷能耗增加、过热天气下患病人数增加等问题也越来越引起人们的重视。

你知道吗？

　　城市热岛效应，是指城市的气温高出农村地区的现象。早在20世纪初，英国的气候学家就提出了这个概念。20世纪60年代以后，人们开始使用人造卫星以红外线拍摄地球，在红外线影像中很容易观察到城市热岛效应，这一理论因此得到了证实。

　　城市热岛效应形成的原因主要有下面五个：

　　（1）城市地区植被减少，导致地面蒸发散热减少；

　　（2）诸如混凝土、沥青一类的建筑材料，比热容和导热系数更高，会吸收、储存更多的太阳辐射热；

　　（3）太阳辐射热在高密度的建筑物之间多次反射，导致城市环境变热；

　　（4）城市建筑物阻挡了风的流动，阻碍了城市的散热；

　　（5）城市的交通工具、工业生产设备、家用电器、人口等自身会发热，导致气温升高。

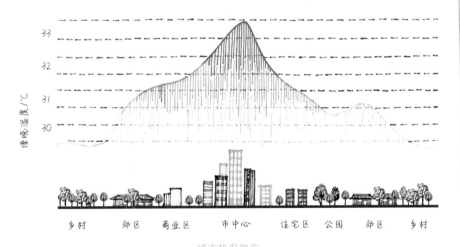

城市热岛效应

　　热岛效应叠加温室效应，问题好像挺严重，但我们也不是完全无计可施。城市规划者已经想出了很多降低城市热岛效应的方法：

　　增加城市绿化和水体，就可以增加城市区域的蒸发散热，增加遮阳面积，减少热量吸收，从而缓解热岛效应。

　　建筑采用反射率较高的浅色外表面材料，再做好隔热层，就可以减少建筑吸收和储存的太阳辐射热。

　　合理设置城市风道，在程式设计和建筑设计中预留足够的通风对流开口，就可以增加空气对流，帮助散热。

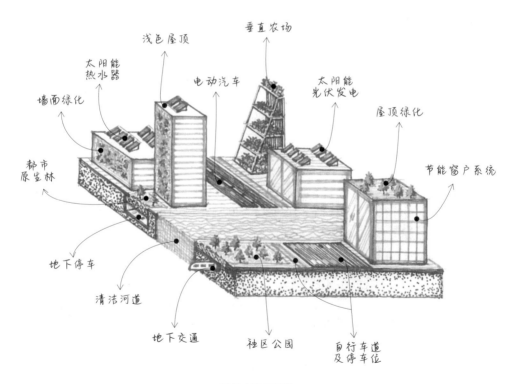

绿色 / 宜居城市

鼓励步行、骑自行车、搭乘公共交通出行，减少机动车上路，减少空调等耗能和散热设备的使用，也可以减少城市热源，起到一定的辅助作用。

你知道吗？

在天气湿热的"水泥森林"香港，地产商曾经为了打造"海景房"，在临海的地块建造了很多高层的连排住宅。它们像一面屏风，占据了最好的景观，但也阻挡了对城市通风至关重要的海陆风。据当地媒体的不完全统计，香港一共有104栋这样的"屏风楼"，它们潜在影响的人口达105万。

2003年，香港遭受SARS的侵袭。香港特区政府也进一步意识到城市通风的重要性。政府委托香港中文大学建筑学院的吴恩融教授团队进行了数年的研究，终于在2006年推出了空气流通评估系统（Air Ventilation Assessment System, AVA），屏风楼彻底成为了历史。

2016年，发展改革委员会、住房和城乡建设部联合发布《城市适应气候变化行动方案》，对城市规划中"打通城市通风廊道，增加城市的空气流动性，缓解城市热岛效应和雾霾"等问题提出了要求。香港的研究和经验也成为了内地城市的重要参考。

05-2 长出热带雨林的酒店

在"四季如夏"的热带雨林气候城市新加坡，绿化是缓解城市热岛效应，提升城市环境的重要手段。打造"花园城市"是新加坡城市规划的一个重要方向。

新加坡的建筑事务所WOHA作为一家注重可持续设计与当地环境相结合的事务所，也不断地尝试在他们的项目里引入"花园城市"的概念。建成于2013年的新加坡皇家公园酒店（Parkroyal on Pickering）就是他们的代表作之一。

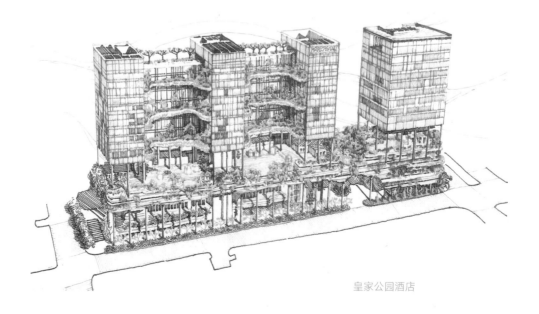

皇家公园酒店

这家酒店位于新加坡市中心，毗邻芳林（Hong Lin）公园、中央商业区、唐人街和克拉码头（Clarke Quay）。在这样一个繁华高密度的城市核心地带，仅仅保留地面的绿化已经不能满足建筑师的"雄心壮志"。他们希望在建筑的不同楼层中增加更多的绿化面积，从而回馈给周边的城市区域更多的景观和环境效益。这种思路超越了常规的"尽量降低负面影响"的思维，直接跳转到了"持续提供正面影响"的思路，无疑是一种绿色建筑的创新思路。

建筑的地面层采用了夸张的架空设计和岩洞一般层层叠叠的形体，与沿街的绿植结合在一起，形成了一个城市沿街面上半开敞的公共空间。在某些区域，建筑的底层完全架空，使得前后两个街区直接连通了起来。这样把地面还给城市空间的设计，体现出了建筑师对城市中心区公共环境的整体考虑，给城市留出了通风廊道，也凸显了当地的地域特点，让人忍不住想要多看几眼，一探究竟。

在五楼的泳池平台上，水景和绿色植物相映成趣。往上每隔四层，会有悬挑的空中花园，形成立体的绿化系统，俨然一座藏在水泥森林里的热带雨林。

空中花园不仅为客房展示了生机勃勃的绿色视野，还遮挡了炎热的太阳光直射。即使客房使用了大面积的玻璃外墙，也不用担心过热的问题。而这个朝向刚好面对的是芳林公园方向，公园的景色也能被一览无余。

整个酒店的空中花园面积有15 000平方米之多，是建筑占地面积的整整两倍，与旁边的芳林公园面积相等。植物的搭配种类繁多，有高高的棕榈树、遮阳的阔叶树、低矮的灌木、开花植物、爬藤植物等。多种多样的植物不仅给人提供了荫凉和怡人的景观，也为城市中的各种小动物提供了栖息的场所，对维护城市生物的多样

酒店入口空间

性和生态平衡有所贡献。

你是否在想，种植这么多的植物，灌溉和养护会不会很麻烦呢？如果你想到了这个，那么你已经学会用全寿命周期的概念来思考问题了。

的确，建筑建成仅仅是一个开始，要养活这么多植物绝非易事。皇家公园酒店的植物利用雨水进行灌溉，雨水不够的部分由回收净化后的非饮用水补充。屋顶上的太阳能光电板为灌溉水循环系统和照明系统提供了电力。

空中花园

而且，这里的大部分植物都选用了本地物种，它们是最适应当地气候的植物，不需要太多人工维护就可以成活。这样也就降低了维护成本和难度。当然，这些解决方案已经不仅仅是建筑师的专业范畴，需要懂得结构设计、清洁能源技术、水处理、植物栽培等多方面知识的不同专家和部门一起工作，才能找到最恰当的解决方案。

皇家公园酒店虽然使用了大面积的绿化系统，但并没有牺牲建筑的性能，反而让建筑的能耗降低，能效提升。这个建筑获得了新加坡绿色建筑评估体系"绿色标签"（green mark）的铂金认证，这是新加坡的国家级，也是最高等级绿色建筑认证。（绿色建筑评估体系和绿色建筑认证又是什么呢？我会在第八章讨论这个话题。）

当然，任何策略都有利有弊，用于适合的场景才能发挥最大的作用，建筑绿化也不例外。虽然植物对缓解城市热岛效应很有帮助，但也有研究表明，在一些高密度城市，过于茂密的植物有可

你知道吗？

在城市环境中种植植物有下面的一些好处：

(1) 遮挡太阳辐射，减少地面和建筑表面吸收过多的热量；

(2) 通过蒸发水分降低地面和建筑表面的温度；

(3) 为城市的小动物和昆虫提供栖息的场所；

(4) 吸收附着一部分空气中的脏东西，改善空气质量；

(5) 吸收二氧化碳，减缓温室效应；

(6) 美化环境，让人的眼睛和心灵得到放松休息；

(7) 适当种植蔬果类植物还可以为城市居民补给新鲜的食材。

能减弱城市通风。这就需要在进行城市和景观设计的时候，对植物的栽种位置、植物的高度，甚至树叶的密度和季节性的变化进行综合考虑。

植物是活的，种植和养护植物需要人力、物力，也会消耗能源和水资源。所以植物种类的选择、维护系统的设计、灌溉用水的来源等，都有很多讲究。例如在一些气候极端或光照条件不好的地区，需要根据实际情况选择耐旱、耐寒或者耐阴的植物。在一些夏季多发台风和暴雨的地区，使用屋顶绿化和垂直绿化要格外小心，如果支撑绿化的结构遭到极端天气的破坏，很可能会发生危险。

2016年，香港城市大学就发生过这样一起事故。5月20日下午，在连续数日的降雨以后，香港城市大学体育馆的屋顶突然倒塌，金属屋架连同天台上的混凝土和绿化草皮一同砸进室内，在场的学生和教职员都被吓坏了。此次坍塌的面积达1400平方米，造成三人受伤。幸好事故发生时没有太多学生在场馆内，否则后果不堪设想。

在香港这样夏季漫长而炎热的高密度城市，屋顶绿化本来是一个挺适合的设计策略。但事故调查结果显示，香港城市大学体育馆的屋顶绿化工程在设计时使用了不正确的数据和信息，且有排水不畅的问题。在连续降雨后，泥土中积蓄了太多雨水造成过大荷载，超过了屋顶结构的承受范围，最终酿成了重大事故。

总而言之，任何绿色建筑的策略，都要放在适合的位置，通过科学合理的设计，才能发挥作用。如果说绿色建筑有什么定律，那就是没有一劳永逸、放之四海而皆准的方法。科学方法和本地智慧总是相辅相成、缺一不可的。

你知道吗？

在一些寸土寸金的高密度城市和一些地面起伏不平的山地城市，建筑师们尝试把绿化从水平放置变成了垂直放置。相比传统的地面种植，垂直绿化更节约用地，还适于不同的地形。它不仅可以减少建筑外表面吸收和反射的太阳辐射热，避免城市峡谷吸收、储存过多的热量，还能缓解高密度城市给人带来的视觉压迫感。

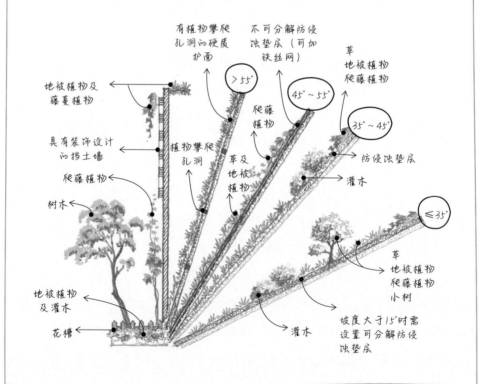

05-3　凉爽梦幻的都市码头

给城市降温是一项系统工程，除了要给高楼大厦降温外，还要给城市的公共空间降温。毕竟人们不能总是躲在建筑物里贪恋空调的凉爽，还得走出空调房间，去室外活动、交往，才更有利于城市居民的身心健康。

给室外的空间降温，是一个不小的挑战。室外空间四通八达，人来人往，建筑师怎么对环境温度进行有效的控制呢？2006年完工的新加坡克拉码头改造项目，就进行了一次大胆的尝试。

克拉码头历史悠久，曾是以跳蚤市场闻名的传统贸易区。但原本的码头被低矮的建筑群占据，街道平庸没有特色。由于当地气候炎热，雨季还经常下大雨，码头的商业街道常常被临时搭建的帆布篷覆盖。即使对遮阳和遮雨有一定帮助，但空间低矮杂乱，对游客的吸引力十分有限。

为了带动这一区域的商业发展，让老旧混乱的码头重新焕发活力，2002年，发展商决定对码头进行活化改造。这次改造除了整理码头商业街的商户，引入高质量的店铺，提升整体服务质量外，也对公共空间进行了大幅的提升。项目由思邦（SPARK）事务所负责设计。

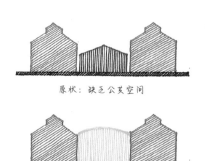

原状：缺乏公共空间

全封闭加空调方案：高能耗、不可持续

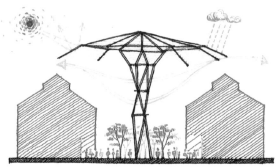

实施方案：可持续的、充满活力的公共空间

克拉码头改造策略

新加坡全年温暖，夏季长，是潮湿炎热的热带雨林气候。把街道全部开敞，会有过热的问题，但全部封闭起来也不太现实。设计团队别出心裁，为码头的步行街全部加盖了遮阳系统。巨大的伞状遮阳系统从步行街道中间向天空生长，既减少了太阳辐射热，又解决了雨季逛步行街总是需要撑伞的问题。伞状结构向上拱起，周边高过两边的建筑物，以便微风可以从中间穿过。这些大大的伞翼伸到两边的建筑物屋顶上方，为步行街降温的同时也为建筑物遮阳降温，兼顾了室内和室外的舒适度。

光是遮阳还不够。设计团队还在步行街的端头和内部设置了叫作"水帘"的旱地喷泉。对流的空气从水帘吹过时，会自然被降温。由于"烟囱效应"，步行街的伞状结构顶部被太阳晒热，会形成被动式的上升气流，将底部较凉的空气抽出。作为补充，一些伞状构件里还安插了主动排风系统，通过顶部的风扇源源不断地将内部的空气向上排出。这样一来，被水帘冷却的空气进入步行街，再从伞状结构顶部排出，将多余的热量带走，就形成了一个持续凉爽的风循环。人们在步行街里可以感受到凉风习习，纾解了潮湿闷热带来的不舒服感。

克拉码头改造项目鸟瞰

"水帘"

研究数据显示，克拉码头的改造可以在炎炎夏日把步行街的气温降低5℃之多。除了改善码头商业空间的微气候，这组巨大的伞状结构也成功吸引了游客的眼球，成为新加坡新的地标性建筑和游客必到的旅游目的地之一，每年吸引着超过两百万的游客。业主的收益也比改造前增加了5倍之多。可见，注重视觉上的美感和提升环境效能之间并不矛盾。通过科学设计，二者可以相互促进，一举多得。如果你有机会去新加坡，一定别忘了去这里体验一下。

你知道吗？

随着人口和资源持续向大城市集中，鳞次栉比的摩天大楼似乎成了一个城市繁荣兴旺的标志性景观。对于这样的高密度城市来说，营造良好的城市通风是缓解城市热岛效应的重要策略。城市通风不仅需要考虑单栋建筑物的设计，还需要从小区设计、城市设计、城市规划等更大的尺度上进行考虑。以下是一些改善城市通道的思路。

通风廊道：城市规划应该结合当地的主导风向，通过街道和公共空间的网络留出城市的通风廊道，尽量把风引入城市的各个区域。

建筑覆盖和穿透率：在城市中，行人高度的风环境对我们的日常生活影响最大。因此建筑底部的裙房部分不宜覆盖得太密太满。可以适当采用底层架空、裙房局部断开、逐层退台等方式为行人高度的通风留出更多的空间。对于那些密度极高的区域，也需要在建筑的中高层设置一些通风开口，以提高这一高度区域的建筑空间的通风水平。

建筑排布和建筑高度：建筑的朝向和布局也与通风关系密切。比如预留足够的建筑间距；建筑布局的轴线与主导风向一致；前后排错落布置等，都有助于改善风环境。在海岸、山坡等一些主导风明确的区域，建筑高度应顺应风向设置，即上风向低、下风向高，而不是把最高的建筑挡在最前面。

　　当然，这些城市通风策略也有一定的适用范围。在气候特别寒冷、风环境比较极端的地区，城市风环境面临的核心问题又不一样了。那么，你生活的城市属于哪种情况呢？

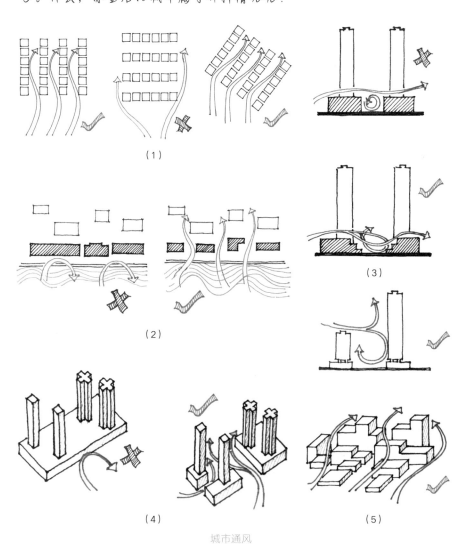

城市通风

06 做个聪明的使用者

当你走进一栋办公大楼时，头顶的灯随着你的脚步声自动亮起，又在你离开一会儿后自动熄灭。办公室窗户的玻璃会随着日照的增强逐渐变成磨砂玻璃。太阳能光电板会像向日葵一样追随着太阳转动。空调会根据室内温度的变化自动开启或者自动停止运行。随着自动化、智能化的建筑设备系统的普及，这些曾经让人觉得很"科幻"的场景正在逐渐成为我们日常生活的一部分，有时候我们甚至都感觉不到它们的存在。

可是，机器、电脑系统真的能帮人们做出最明智的决策吗？智能建筑到底意味着用智能化的设备系统代替人的决策，还是意味着通过技术手段最大限度地发挥人的智能？这个问题你有没有思考过呢？

06-1　精密运转的建筑机器

　　世界各地的高等学府一向是科学研究的重要阵地。在建筑领域，很多知名大学也孕育着智能化建筑的研究中心和研究团队。美国的卡内基·梅隆大学（Carnegie Mellon University）就有这样一座"建筑性能与诊断研究中心"（Center for Building Performance and Diagnostics，CBPD），对绿色建筑的舒适度、能源环境效益，以及各种技术手段的应用进行研究，确保绿色建筑在建成以后，能真正在使用阶段达到预期的能源环境效益和舒适度。对于那些实际运行效果不理想的建筑，CBPD会像替病人看病一样，为它们提供"诊断"和改进方法。

　　CBPD的办公地点——智能工坊（Intelligent Workplace），本身就是一个非常特别的智能化办公建筑。它"栖居"在校园内一栋老建筑——玛格丽特·莫里森音乐厅——的四楼屋顶，只有一层，面积约600平方米。作为旧建筑的屋顶加建，它外观低调，乍一看很不起眼；建成于1997年，也不算很新。但这些都不能阻挡它成为当今智能化建筑的典范，因为它是一座"活"的实验建筑。从一开始，设计团队就将它定位成可以不断更新、不断加载更先进的系统、组件和材料的建筑。它就像一栋有生命的房子，会新陈代谢，不停地生长进化。

在设计之初，设计团队就采用了先进的建筑信息计算机模拟技术，利用专业的建筑软件对建筑的所有构件、材料和设备系统进行了详细的计算机建模和分类整理。这样一来，设计团队就可以在计算机软件里清楚地确定每一个建筑构件的材料、数量、位置、性能，并且可以在日后随时根据需要在模型中进行选择和替换。有了这个庞大而精确的计算机建筑信息模型，设计团队就可以将其导入各种模拟建筑能耗和性能的软件，对不同设计方案的表现进行模拟，找出最符合当地气候、最节能舒适的设计方案。

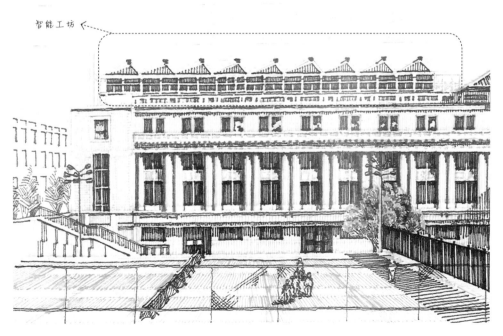

智能工坊

举个例子。智能工坊这个不对称的坡屋顶设计，就是通过计算机模拟得出的优化方案。根据当地的太阳轨迹，这样的屋顶坡度可以最大限度地接收日光，减少人工照明的能耗。但光照也不是越多越好，天窗面积过大会带来室内过热和眩光的问题。因此，设计团队又通过计算机模拟比较了A、B两种不同的屋顶尺寸和开窗方式，最终选择了更为节能又兼顾舒适的B方案。

和前面提到的其他绿色建筑案例一样，智能工坊也包含了大量的被动式设计，并在此基础上结合了一系列高效的建筑设备系统。

在一年中气候比较温和的时间段，利用窗户进行自然通风已经能满足需求，并且比使用空调更加节能，还可以让使用者的身心更为健康。因此，窗户的设计在绿色建筑中至关重要。

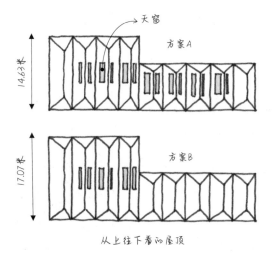

从上往下看的屋顶

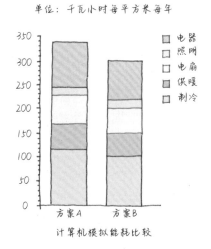

计算机模拟能耗比较

计算机模拟技术辅助屋顶设计

智能工坊室内效果

　　智能工坊的窗户采用了双层中空玻璃来提高保温隔热性能。玻璃表面增加了可以降低红外线透光率的涂层，以减少过多的热辐射。同时有70%的可见光可以穿透玻璃，为室内提供明亮舒适的效果。看似不起眼的窗框也暗藏玄机，里面装有冷热水的循环系统。夏季循环冷水，冬季循环热水，目的都是为了让站在窗前的人感觉更舒适。

　　智能工坊对自然光线的利用也下足了功夫。建筑外墙上安装了光线转向装置，可以根据太阳的运行轨迹和天气情况对光线的入射方向进行调节。通过机械控制反光板的角度，光线转向装置能最大限度地把自然光导入室内，同时减少眩光。反光板与外墙面之间留有一段距离，可以让检修人员通行，并且方便墙面窗户的开启。

建筑室内的灯具不是直接朝下照射，而是反过来，照向天花板。光线经过天花板的漫反射，均匀洒向室内，让人工照明的光线更加柔和、自然。

这种被动式设计与高性能设备的结合与互补，让建筑的能耗降到最低，同时舒适度达到最优。比较特别的是，建筑大量使用了可远程操控的机械传动装置，让更精细的远程智能化控制成为可能。

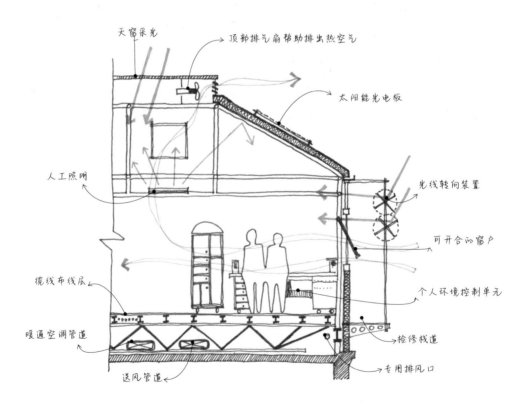

智能工坊设计策略示意图

你知道吗？

不好的建筑也会让人生病。

早在1983年，世界卫生组织就提出了"病态建筑综合征（sick building syndrome）"的概念。研究人员发现，在装有空调的办公建筑中，许多员工不约而同地出现了哮喘、过敏反应、咳嗽、打喷嚏、头晕、困倦等不适症状。而员工离开建筑或休假的时候症状就会缓解。这就是我们俗称的"空调病"。

病态建筑综合征不是一种严格意义上的医学病症，它更多地揭示出不良的建筑环境给人的身心健康带来的综合性的负面影响。通风不良、化学污染、生物污染（通风管道中的霉菌等），以及不舒适的温度、湿度和照明，都有可能导致病态建筑综合征的发生。

根据1997年的一项研究，在美国，通过改善建筑环境，每年可以减少治疗呼吸系统疾病、哮喘等病态建筑综合征的费用170亿~330亿美元，同时还可以节约用于提高员工绩效的其他费用120亿~1250亿美元。

诚然，改善建筑的暖通空调系统、采光通风和空气质量，都需要花费可观的人力、物力和时间。但根据研究人员估算，如果把眼光放得长远一些，改善建筑环境的投资将会带来18~47倍的回报。

虽然这些估算在细节上各有不同，操作层面还有许多值得探讨的地方，但大量的研究都显示出这样一个道理：建筑物的环境质量和人类的生产力、人类的福祉有密不可分的关系。改善建筑环境质量，能带来巨大的社会效益。

如果你是公司老板，你会怎样决策呢？

智能工坊的"智能化"可不仅仅体现在设计阶段。

在建筑运行过程中，遍布建筑内外的各种传感器会持续地对建筑内部及周围的温度、湿度、空气流动、日照强度、降雨量等数据进行监测，并将监测结果录入专门为智能工坊打造的计算机数据系统。用户可以通过联网的计算机或手机随时查看系统中的各项数据，并根据这些数据对建筑设备进行个性化的控制。比如，看到当天室外温度、湿度舒适宜人，用户便可以关掉自己座位上的空调送风装置，打开窗户。

有趣的是，不在办公室的时候，用户也可以用计算机或手机上网查看建筑数据系统，并对建筑设备进行远程控制。比如，当用户回到家时，发现自己办公桌上方的灯还亮着，他可以通过手机将灯关掉。如果长时间出差，用户也可以随时查看自己办公室的情况，还可以通过手机切断自己位置上的插座电源，节省电能。

除了查看实时数据外，用户还可以查看各项数据的历史记录，对过去某一段时间内的建筑能耗和使用情况进行回顾和评估，找出做得好的地方和需要改进的地方。

这样的系统最大限度地调动了使用者的主动性，让使用者可以随时判断和调整自己的行为，更好地使用建筑。如果给你一套这样的系统，你会觉得麻烦，还是会抱着好奇心和开放的态度去探索一下呢？

智能工坊还有一个特别之处，就是它的可变性和可更新性。

为了测试各种新的绿色建筑技术和策略，研究人员需要不时地对建筑的一些设备系统进行更换、调试、运行和拆除。因此，建筑内部采用了四个"即插即用"的模块系统。

第一，建筑中的暖通空调、照明、供电、通信、计算机等辅助设施并非固定在墙上，而是整合在头顶上和地板下，并巧妙地设计成即插即用的模块。模块可以根据需要搬动和变换位置，也可以随时取下进行检修和增减。

第二，建筑中的家具、隔墙和轻质隔断，都不是完全固定的，可以根据需要随时移动。

第三，建筑中的投影仪、音响等多媒体设备系统，以及计算机系统，也是可以移动和即插即用的。

第四，建筑中的能源供给和输送系统，比如外墙模块、制冷系统模块、生物质能系统模块，也不是完全固定的，都是用螺栓之类的方式连接，可以快速拆卸，灵活改变位置，即插即用。建筑外立面还设置了检修通道，也是为了方便对外墙组件进行更换和维修。

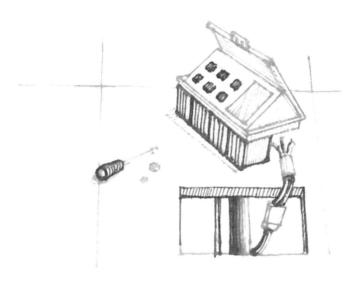

安装在地板上的可移动的插座和开关组件

这样的策略最大限度地提高了建筑的可变性，减少了在空间改造和建筑设备更换过程中大量的拆除和安装工程。

通过这些周密的系统化考虑，加上建筑师、工程师等多个领域专业人士的通力合作，智能工坊成了这样一个独一无二的智能化建筑。虽然已经建成超过20年，但它良好的室内环境质量和优秀的节能表现证明，它最大程度地兑现了设计的目标。与美国的标准建筑单位面积能耗相比，智能工坊只用了标准能耗1/5的能源，就达到了极佳的空气质量、热舒适度、采光舒适度和室内空间效果。

也许你会说，智能工坊强大的"进化"功能是因为它科研建筑的性质，普通老百姓的建筑不可能做到这样的极致，这个说法我当然认同。但它背后整体性、系统性的思考方式，跨专业、跨学科的协作，预留可变性和发展空间的前瞻性逻辑，以及充分发挥使用者的主观能动性的人性化思维，都是值得我们借鉴和思考的。

如今，我们的生活方式越来越多元化，评价标准也不再唯一，技术的发展更是日新月异。而建筑的使用寿命动辄就是70年，甚至上百年。什么样的建筑才经得起时间的考验，做到真正的"可持续"呢？这个问题没有标准答案。如果你会时不时地想起它，从不同的角度去探究一下，也是一件挺有趣的事情呢！

06-2　使用者是干扰项还是加分项?

本书的前半部分花了不小的篇幅讨论建筑应该怎么设计。那么建筑建成以后, 一定能达到设计时预想的效果吗?

我们知道, 在很多绿色建筑的设计过程中, 工程师会先用计算机软件对建筑的能耗和性能进行模拟。通常, 计算机模拟需要设置一系列"前提", 比如气候的数据、使用者的基本情况、一天使用的时长、周围的地形, 等等。这些前提数值通常是理论上的、理想化的数值, 因此得到的结果也是理论上的、理想化的结果。

但是在实际使用中, 情况往往不是那么理想。气候变化也许会导致天气变得异常, 和历年来的气候数据产生较大的出入。建筑的旁边可能会新建一栋高楼, 遮挡了太阳。人的活动更是难以预测——有人会经常忘记关计算机, 有人喜欢在大白天开着灯。还有一个最显而易见又很难避免的问题, 就是施工方为了节约成本或者省事, 没有严格按照设计图纸进行施工。因此, 设计阶段建筑能耗的理论数值, 和运行阶段建筑能耗的实际数值, 可能会有天壤之别。难怪有些工程师会调侃说, 人, 才是建筑节能模型里最大的"干扰项"。

那么问题来了：经过了这么复杂的计算机模拟、设计、调试，建筑终于进入了运行的阶段，这个时候是不是应该尽量避免人的"干扰"，让智能化的建筑系统全权把控，确保建筑运行达到最佳状态呢？

这个问题先摆在一边，我来给你讲一个小故事。

那是我在香港攻读博士学位的一个炎热的夏天，我们在一个空调风非常强劲的教室里上课，大部分人穿着短袖。教室里实在太冷了，我们想把空调的温度稍微调高一点，几番尝试后却发现，空调系统被锁定了，无法手动调整。课间休息的时候，忍无可忍的我们联系到教学楼的管理员，希望他可以帮我们解锁，将空调温度稍微调高。没想到管理员告诉我们，为了节能环保，学校规定，禁止使用者随意调整教室空调的温度。

显然，教室的温度被教学楼的管理者设定在了一个"理论上"舒适又节能的数字。管理者是希望使用者不要把空调温度调得太低，造成不必要的浪费。但是很遗憾，这个他们认为最适合的温度，可能与西装革履的上班族匹配，但对穿着短袖的我们来说就太低了。让人哭笑不得的是，那天我们刚好在上关于绿色建筑的课程。经过这番折腾，同学们都上了生动的一课。

你知道吗？

　　每个人对热舒适的感觉和需求是不一样的，这和人的新陈代谢率（通常和年龄、性别、人种等有关）、穿衣厚度、环境的风速、湿度等都有关系。

　　人们发现，办公楼里的女性员工总是抱怨空调太冷，她们必须多准备一条披肩或者一件外套。空调系统明明已经非常"聪明"地替我们计算好了人体感觉舒适的温度范围，为什么还会出现这样的问题呢？

　　研究人员寻根溯源，终于找到了问题所在。原来，很多空调系统使用的热舒适计算模型早在20世纪60年代就建立起来了。这个理论模型中使用的人体新陈代谢率数值来自一个年龄约40岁、体重约70千克的男性。可能当时的研究人员认为，这样的人在办公楼中最为普遍，最具有代表性。但是时至今日，女性已成为办公室人群的重要组成部分，而女性的身材通常比男性娇小，体内脂肪比重比男性高一些，肌肉比重比男性低一些，这就导致女性的新陈代谢率通常低于男性，也就没有男性那么怕热。研究人员还指出，很多男性上班的时候习惯穿西装打领带，但女性上班可能只穿轻薄的衬衫或裙装。因此，很多女性觉得办公室太冷也就不奇怪了。

　　你可能会说："那就让女性多穿件衣服吧！"可是研究表明，这样的空调设置还会造成高达35%的能源浪费，并使员工因为工作环境的不舒适而降低工作效率，导致"空调病"等问题，间接造成不必要的经济损失。

　　那么，除了让女性多穿一件衣服外，还有没有更好的解决方案呢？

有句俗语叫"一样米养百样人"。可见大众的行为习惯和喜好是多种多样的。即使抛开个人喜好，影响室内热舒适度的因素也还有很多。比如，一个房间内人数的多少，使用的计算机/电器的多少和种类，房间内活动的类型（安静办公还是热烈地开会讨论），都会影响房间内的温度变化。显然，一个恒定的空调温度并不能适应如此多变的使用需求。我们需要的是更加灵活、可变、适应性更强的"智能化"系统。

随着物联网、云技术、语音识别等技术的发展和普及，建筑的控制系统正在变得越来越便捷，越来越个性化。在住宅建筑中，这一特点体现得尤为明显。通过说出口令来控制家电，让智能系统记住我们的喜好，在离家时通过手机远程操控家里的扫地机器人工作，这些场景都已经成为现实。在专门为老年人设计的适老化住宅中，监控设备、随身佩戴的健康监测设备、通信设备还可以互联协作，在老年人跌倒、生病或需要帮助的时候及时发出求助信号，联络看护者。

不过在办公建筑中，我们往往需要和很多人共享一个空间，不能像在自己家里一样随心所欲地控制整个环境。也很难有一套智能化的系统，可以精确计算和控制每个员工需要的小环境。与其把一切交给电脑控制，不如换一个思路，把主动权赋予每个使用者——在每个人的工位上安装个人化的控制终端，使其可以对自己周围的小环境进行单独控制。

假如你坐在离窗户比较近的地方，你可以通过控制窗帘、遮光板、反光板、灯具等装置，改变周围的光环境和热环境。如果你需要开会，你可以通过控制门窗、百叶、推拉隔墙等方式，控制周围的声环境。变天了，你可以通过调整桌面送风口的出风量和温度，调整周围的热环境。你还可以在送风的时候加上空气净化、除湿等功能，进一步提高舒适度。你一定也发现了，有的时候我们并不需要把整个环境都调整到一致，即使在一个很小的房间里，各个不同角落的温度、光照也不完全一样。我们的环境不是均质的，我们只需要根据环境的特性选择适合的位置，针对自己所在的一小块区域进行调整。这也是一种使用建筑的"智慧"。

当然，建筑的整体环境也需要在一个比较合理的范围内，不能太糟糕。个人控制是在这个比较合理的基础上进行的进一步个性化调整。想要达到这样的效果，一方面需要建筑被作为一个整体，进行合理的设计；另一方面需要为个体提供足够多，且方便的个人控制终端。前面提到的智能工坊就是一个很好的例子。

如果每个使用者都按照自己的想法对建筑设备进行调整、控制，会不会乱套呢？这种方式真的能节约能耗吗？卡内基·梅隆大学的建筑性能与诊断研究中心还真的做过这样一个有趣的研究。

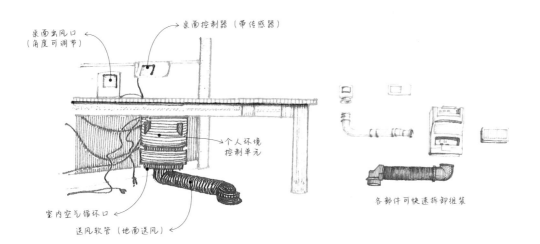

智能工坊中使用的个人环境控制单元

　　研究团队选择了一栋已经建成投入使用的办公大楼作为研究案例，为办公楼里的用户设计了一个智能化的交互平台。平台上包含的信息分为三个层级。

　　第一个层级：信息交流——把建筑能耗的数据展示给用户，让用户可以直观地了解，并方便地查阅不同时间段的历史数据。

　　第二个层级：行动建议——根据建筑中各种耗能设备（计算机、灯具、电话、冰箱、饮水机、打印机、咖啡机等）的运行情况，给出一些使用建议。比如计算机的能耗较高，建议将计算机设置为一段时间不使用就自动休眠。

　　第三个层级：即时控制——直接将各个耗能设备的开关按钮整合到智能交互系统中。用户可以在看到能耗数据和使用建议之后，直接在下面点击按钮，即刻进行开启或关闭。

　　在准备阶段，研究团队只是悄悄记录了日常状态下职员们使用各类电器的能耗，作为一个参考的基准线。这个阶段持续了14周。

　　然后，研究团队把参与研究的职员分为A、B、C、D四个小组。第15周，测试正式开始。A组还是和往常一样，不作任何改变。B、C、D组的职员开始使用研究团队提供的智能交互平台。这个过程持续了13周。

　　其中，B组只能看到第一、第二个层级，即可以查看建筑中各种能耗设备的能耗，并得到一些节能建议。结果显示，在这样的情况下，建筑的能耗比基准线降低了13%。

　　C组可以看到第一、第二和第三个层级，即在B组的基础上增加了开关用电设备的按钮，让使用者可以在看到节能建议之后，很方便地点击下方按钮，一键开关某一个电器设备。这一组，建筑能耗比基准线降低了24%。

　　为什么只是在智能交互系统里增加了一个开关按钮，能耗就下降了这么多呢？答案是不言而喻的。打个比方，虽然使用者知道饮水机反复烧水有点费电，不用的时候关掉比较好，但是因为离饮水机有点远，不想特意去做这个动作；或者正在忙，后来就忘记了。知道应该怎么做，和实际去做，两者之间好像还有一段距离。但如果在查看到数据和建议的同时就可以一键关掉饮水机，使用者很有可能就会立刻顺手关掉。架起"知道"和"行动"之间的桥梁，效果立即提升了很多。

　　那么D组呢？D组除了能看到前面所有的信息和按钮外，还增加了一个日历功能，可以提前设置未来日子的电器开关情况。你猜怎么着？这一次，建筑比基准线节约了39%的能耗！其中周末的能耗大幅减少，因为用户可以通过日历功能提前设置好，周末不去公司的时候就关掉某些电器。

　　而从头到尾没有使用智能交互系统的A组有什么变化吗？结果显示，A组在13周的测试阶段，使用的能耗竟然也比研究开始前下降了7%。为什么会这样呢？很有可能是因为，在准备阶段，A组成员不知道自己会被作为研究对象，而在测试阶段，仅仅因为知道有人在观察自己，他们就不自觉地做出了更好的表现。人的这些细微的想法和行为模式是不是很有趣呢？

　　你看，研究团队并没有对建筑的形式、结构、材料做任何改动，也没有为建筑更换什么更节能的电器设备。只是对用户展示某些信息，给用户提供更方便的控制按钮，就可以把一栋建筑的能耗降低13%～39%，是不是很神奇？原来，充分尊重和信任用户，了解用户的心理和行为模式，发挥用户的主观能动性，也可以产生如此大的环境效益。

你以为到这里就结束了吗？还没有哦！

在测试阶段结束以后，研究团队撤走了智能控制系统，又继续监测了建筑的能耗11周。你猜，人们的行为会"一夜回到解放前"吗？令人惊喜的是，结果显示，建筑能耗有小幅的回升，但一段时间内并没有反弹到研究团队介入之前的水平。这说明使用者在安装了智能控制系统的这段时间内，改变了以前的使用习惯，慢慢建立了更环保的行为模式。当使用者看到自己的行为改变可以为建筑节约大量的能耗，对环境有肉眼可见的益处时，他们会更愿意改变自己的习惯，建立新的、更好的行为习惯。毕竟人人都有一颗想要做得更好、追求更大的价值感和意义感的心，只是需要巧妙的设计和科学的方法，把使用者的主动性最大限度地激发出来。

现在，你对自己的环境影响力的信心是不是增加了一点点呢？

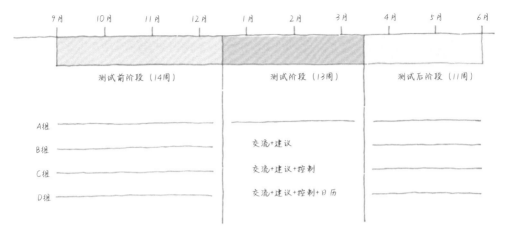

实验设置

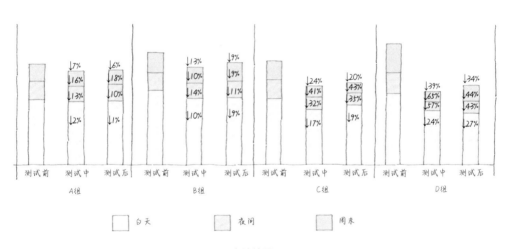

实验结果

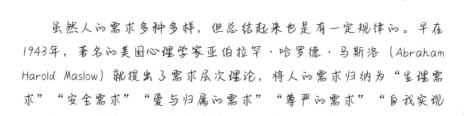

你知道吗？

  虽然人的需求多种多样，但总结起来也是有一定规律的。早在 1943年，著名的美国心理学家亚伯拉罕·哈罗德·马斯洛（Abraham Harold Maslow）就提出了需求层次理论，将人的需求归纳为"生理需求""安全需求""爱与归属的需求""尊严的需求""自我实现的需求"五个层次，也就是著名的"马斯洛需求金字塔"。

  可见，人虽然有惰性，却不总是消极被动的。人们会渴望与周遭建立良好的关系，渴望得到尊重和关爱，更重要的是，渴望实现自己的价值，证明自己的能力，做自己认为有意义的事。为使用者服务的建筑，也同样要考虑使用者不同层次的需求。安全舒适仅仅是最基本的层次，怎么才能让使用者有归属感，觉得被充分尊重，还能感受到自己有创造力，有解决问题的能力？这需要技术，更需要智慧。

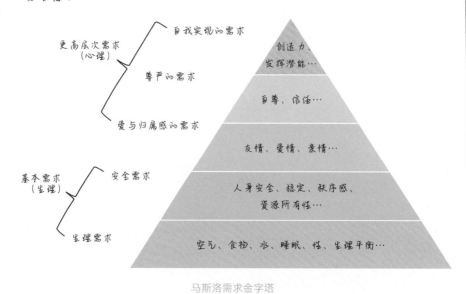

马斯洛需求金字塔

绿色建筑昂贵吗

前面已经讲了绿色建筑的很多优点，但为什么绿色建筑推广起来好像并不容易？说到这个问题，你的第一反应肯定是："因为绿色建筑很贵啊！"太阳能光电板，贵！风力发电机组，贵！智能化的建筑设备系统，贵！环保的建筑材料，贵！绿色建筑难道真的是有钱人才能享受的建筑吗？这一章咱们就来仔细说说。

07-1　经济实惠的乡村绿建

你还记得本书第一章介绍的生土建筑案例吗？其实，在云南鲁甸地震灾后重建中，村民建起了两种住宅，一种是用砖和混凝土简单建造的砖混住宅，由于经济和技术等多方面的限制，这种住宅既没做保温隔热处理，也没有外墙装饰；另一种是用新型夯土建造技术建成的夯土农宅，冬暖夏凉，整洁舒适。这两种建筑，你觉得哪个会更贵呢？

这样的两栋房子，论建筑的质量、舒适度、外观效果，后者毫无疑问胜过前者。不过通过现场统计我们得知，在当时的市场条件下，砖混住宅每平方米的土建成本[①]约人民币1300元，而新型夯土农宅每平方米的土建成本约人民币980元。

为什么这样一栋漂亮、结实又环保的新型夯土建筑，每平方米造价比粗糙又冬冷夏热的砖混建筑还便宜呢？这和建筑所处的环境和项目背景有密切的关系。

---

① 此处的土建成本包括建筑的基础、墙体、楼面、屋面、门窗、室内墙面找平刷白、水电、保温隔热等部分的材料费（含运费）和人工费，不包括家具置办费用和景观建造费用，亦不包括建筑的设计费、技术咨询费等费用。

简单的砖混住宅

新型夯土农宅

光明村地处山区，交通不便。外来的工业化材料需要长途运输才能抵达村里。本来成本不高的砖头、水泥，运到村里，成本就增加了许多。此外，砖混建筑需要掌握一定技术的施工团队或者专业工匠进行建造。本村村民不能完全胜任，还得去外面聘请一些专业师傅。地震以后，大家都想尽快重建家园，受灾地区的建设量激增，建材价格、运输成本、施工队价格都因为供不应求而迅速上涨，建设质量却没有和价格一起提升。

反观新型夯土农宅，主要的墙体材料——生土，是从地震废墟中回收的土料，经过配比优化而来。外来的工业化材料所占的比重大大降低。此外，由于夯土是本地的传统建造技术，建筑工匠都是本村的村民，经过简单培训以后即可上岗。这种本土材料、本土技术、本土工匠的重建方式，减少了对外界材料、外界工人的依赖，受市场价格波动的影响也相对较小。而且因为是本村人给本村人施工，相当于合伙给自家的邻居／亲戚盖房子，质量反而有了保障。

光是节约造价，还不是事情的全貌。咱们分析绿色建筑的经济效益，还要看盖房子花掉的钱都去了哪里，为哪里的经济做了贡献。光明村的砖混住宅，约70%的费用都花在了购买外来的工业化材料上，只有约30%的费用花在雇用工人上，而工人还有相当一部分是外地的。也就是说，村民用来盖房子的钱，大部分流向了外地市场，对本地经济的贡献不大。而新型夯土农宅的建造费用中，有一多半的钱花在了雇用工人上。看似人工费用比砖混高了一些，但由于大部分的材料和工人都是就近解决，盖房子的过程实际上增加了本地人的收入和就业机会，更多地起到了促进本地经济、为本地人赋能的作用。在地处山区、交通不方便的农村地区，这种"内源性"的经济模式对促进本地经济的可持续性有着重要的意义。

其实，相对于建筑几十年甚至上百年的漫长一生来说，建造费用只是建筑费用的一小部分。经年累月，建筑的运行费用更是一笔不小的开支。像光明村这种没有做好保温隔热等节能措施的砖混建筑，势必需要使用更多的风扇、空调、电暖气、火炉等制冷和采暖设备。采光不好的房间，也一定需要更长时间的开灯来弥补。而冬暖夏凉的新型夯土农宅，因为采用了适宜的被动式设计，大大减少了室内的人工采暖和制冷时长。良好的自然采光也减少了人工照明设备的使用，运行阶段的成本自然就大幅下降了。

还有建筑的维护费用。砖混建筑将来还需要贴贴面砖，做做装修。如果再遇到地震产生变形、裂缝，还需要修修补补。这些活儿本地工人未必都能胜任，得去外面请人回来做，材料也需要从外地购买。而新型夯土农宅的外墙不需要附加的装饰材料，自带天然的肌理和美感。由于采用了创新的技术和设计，也免去了平常维修屋顶和墙面的麻烦。村民工匠参与了设计建造的整个过程，对建筑的每个部分都了如指掌。就算以后需要整改扩建，村民工匠也可以胜任大部分工作，维护成本自然就下降了不少。

这么一算，新型夯土农宅节约的，可远远不止每平方米造价少的那几百块！对于光明村这种偏远贫困的山村，盖房子不仅得省钱，还要提升本地人的技能，促进本地经济的持续发展，这才是最经济、最可持续的绿色建筑。

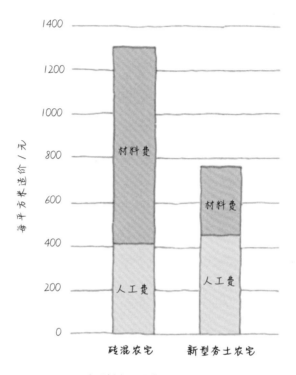

光明村灾后重建项目造价对比

你知道吗？

　　人们发现，在常规的工业化与城市化主导的发展模式中，经济增长总是伴随着对资源的消耗和对环境的破坏。资本的聚集催生了越来越大的城市，而乡村则是资源消耗和环境破坏首当其冲的承担者。乡村的空心化、边缘化和衰弱趋势造成的一系列环境、经济和社会问题，引起了越来越多的重视和反思。

　　为了解决农村发展的困境，许多发达国家开始通过"外源性发展"（exogenous development）的方式，向农村注入外来的资金、技术，刺激农村的发展。农村的交通、通信等基础设施得到了很大的改善，但人们发现，农村人口依然持续减少，农业污染和生态退化的问题也没有得到遏制。在一些交通不便、资源匮乏的偏远贫困农村地区，外源性发展的投入和产出往往不成正比，很难维持长期的持续发展。

20世纪70年代后期，农村的外源性发展模式遭到诸多批评。外源性发展重视经济的增长，却忽略了农村的核心价值。试想，如果你是一个农村孩子，从小看到的就是城市的需求影响着乡村的结构，城市的审美引领着乡村的形象，城市的技术覆盖着乡村的传统，那么，即便你在乡村的生活水平有了提高，你是不是依然更向往去大城市？如果看不到自身的独特能力和本地独特的价值，农村居民何来保护环境、建设家乡的意愿和动力呢？

20世纪80年代，人们开始越来越多地探索和实践一种新的发展模式——"内源性发展"（endogenous development）。顾名思义，内源性发展不过分依靠外界的投入和刺激，而相信一个地区的自然、人力和文化等特定资源才是其发展的核心和关键。内源性发展强调当地人应当成为发展的主体，当地的经济和福祉应该基于当地的自然资源、人力资源和地域文化来驱动。内源性发展更强调当地人的力量和作用，通过提升当地人组织合作、参与经济活动的能力，发展本土的、多元化的、嵌入当地历史文化背景的特色经济和产业，实现对当地人的增能和赋权，激发当地人的创造力，从而推动当地环境、社会和经济层面的可持续发展。

当然，外源性发展和内源性发展并不是格格不入的。它们各有优点，甚至还能形成互补，相互促进。你有没有见过类似的例子呢？

07-2　绿色建筑的"厚积薄发"

绿色建筑到底贵不贵？现在，咱们就来给绿色建筑算算账吧！

不可否认，绿色建筑用到的一些新的技术、设备、材料，由于制造的复杂性、市场的稀缺性等，价格通常会比较高。如果我们把建造一栋普通建筑的成本作为"基准成本"，那么建造一栋绿色建筑需要增加的成本就是绿色建筑的"增量成本"。

增量成本又可以分为增量建造成本、增量设计咨询成本和增量维修管理成本。增量设计咨询成本指的是聘请专业的绿色建筑设计师或咨询顾问需要的开支，和建造费用比起来，这部分成本所占的比重较少。而根据市场分析，绿色建筑的维修管理成本和常规建筑的差异不大，增量部分不明显，因此最值得探讨的就是增量建造成本。

2012年的一项研究对我国的55个通过绿色建筑评估、获得绿色建筑标识的建筑项目进行了实证研究（其中包括30个住宅项目和25个公共建筑项目）。结果显示，绿色住宅项目的增量建造成本为每平方米0.43~168.9元，绿色公共建筑项目的增量建造成本为每平方米5.72~306.07元。和更早的研究数据相比，这两个增量成本都有明显的逐年下降的趋势。这说明我国的绿色建筑在过去的数年中发展迅速，设计水平、市场供求、技术选择、成本控制等方面都日渐成熟。

　　研究人员还发现，节能灯具、节能空调、太阳能热水器这类高性能设备已经非常普及，成本和质量都比较稳定，安装和维护也不复杂。使用这类设备的增量成本已经非常低，有的甚至几乎为零。但像太阳能光电板、风力发电机组这类比较复杂，还不太普及的设备，增量成本则相对较高。但相信随着时间的推移、技术的进步和产品的普及，越来越多的高性能设备和新能源系统会走入寻常百姓家，增量成本也会相应降低。

　　值得一提的是，这些建筑的增量成本和建筑所达到的绿色建筑评估星级并不完全成正比。也就是说，在绿色建筑评估中，星级越高的建筑，增量成本并不一定越高。这说明了一个重要的问题：绿色建筑的效能并不直接和成本挂钩。有时候，通过科学巧妙的整体设计，即使增量成本不高，也一样能达到理想的效果。

　　说完了增量成本，你应该会联想到，也有"增量效益"吧？没错，绿色建筑在全寿命周期的增量效益可多着呢。例如：

- 相比常规建筑，在运行阶段节省的能源、水资源的费用；
- 业主/开发商可能得到的财政激励（免税、补贴、奖金等）；
- 企业员工在绿色建筑内生产力提升带来的经济效益；
- 企业通过建造或使用绿色建筑而树立的企业形象、创造的品牌价值；
- 绿色建筑给宏观经济带来的效益（带动产业发展、增加就业等）；
- 出售多余的可再生能源／碳排放配额产生的效益。

在这些增量效益中，最容易被理解和被关注的就是第一项。就拿北京的一栋普通办公建筑来举例吧，如果有一栋面积为10 000平方米的办公楼，每年平均耗电量是40～60度（1度=1千瓦·时）每平方米，进行节能改造后实现了节能50%的目标，那么每年可节约电费164 000～246 900元。如果这栋建筑剩下的寿命是20年，那总共就可以节约450余万元。是不是很可观呢?

如果把增量成本和增量效益结合起来看，我们就会发现绿色建筑一点儿也不昂贵。这方面的研究论文有不少，虽然具体情况各有不同，但大致上我们可以得知，目前我国的绿色建筑建造成本比一般建筑要高出5%～7%，这些成本会随着增量效益的产生，在5～8年的时间内收回。而在剩下的建筑使用寿命里，增量效益还会持续产生。

当然，这个过程中我们还面临着许多的挑战。比如，一栋房屋的投资者、运营者、使用者，通常是不同的人。如何让付出增量成本的投资者能直接享受到增量效益的好处，需要通过商业模式进行仔细安排、巧妙计划。另外，如何让增量成本和增量效益变得更加透明、可计算、可视化，也是影响决策者是否采用绿色建筑策略的重要因素。还有，如何让城市供电网络更方便地与绿色建筑的新能源系统接驳，更高效地容纳和回购新能源;如何推动碳交易的实施，让更多减少碳排放的措施能被看见，获得经济上的收益，这些都是未来大家要共同努力的方向。相信随着时代的发展、社会的进步，政策和市场都会更倾向于鼓励绿色经济，人们会自发地选择让自己身心更健康、舒适的生活方式，绿色建筑的经济效益也会更加突出地显现出来。

08 给绿色建筑打打分

在前面的内容里，我们提到有一些建设项目通过了绿色建筑评估，获得了绿色建筑标识。你是否好奇那是什么样的评估？绿色建筑也要通过考试、颁发证书吗？这一章咱们就来聊一聊怎样给绿色建筑打分。

08-1　绿色建筑也要考个证

在绿色建筑的发展进程中，人们逐渐意识到，绿色建筑项目通常是一个复杂的系统工程，需要建筑师、业主、承包商等持份者共同完成。在这种多方多层面的合作中，每一方的目标和评价标准可能都是不一样的。在做某些决策时，甲觉得应该这样，乙觉得应该那样，这时候如果有一个明确的评估和认证系统来衡量建筑的效能，就更容易使大家达成共识，把项目朝着更好的方向推动。此外，评估体系也能让不同的人更容易了解绿色建筑的优势，对绿色建筑的推广、寻求市场和政策的支持，都很有帮助。因此，许多国家和地区都开始建立绿色建筑的评估体系。

世界上第一个绿色建筑评估体系是1990年诞生在英国的"英国建筑研究院环境评估法"(Building Research Establishment's Environmental Assessment Method，BREEAM)。它由英国一个有着上百年历史的综合建筑环境科学中心——英国建筑研究院（Building Research Establishment，BRE）研究运作。作为建筑环境评估体系的"鼻祖"，它也成了后来很多国家和地区绿色建筑评估体系建立的重要基础和参考。

1998年，美国绿色建筑委员会发布了市场主导型的评估体系
"能源与环境设计先导"（Leadership in Energy & Environmental
Design，LEED）。它在设计之初就充分结合了市场，鼓励绿色建
筑的设备、材料等相关产业的市场化运作。打个比方，如果你购买
使用了LEED认可的绿色建材，就可以在LEED评估时获得加分。这
样的机制不仅鼓励建筑师选择更优质高效的新型材料，也鼓励市场
开发和生产更多这样的材料，让绿色建筑的市场进入良性循环。此
外，LEED还设计了完善的专业人士培养和认证机制，让感兴趣的人
都可以通过培训系统学习LEED，并获得专业人才的证书。有了证书
的从业者又可以更好地参与到项目中，推动项目的评估认证工作。
这样的设计和运作，让LEED在市场推广和认可度上获得了极大的成
功，成了世界上被运用得最广泛的绿色建筑评估体系。

2002年，日本发布了自己的评估体系"建筑环境综合效能
评估体系"（Comprehensive Assessment System for Building
Environment Efficiency，CASBEE）。它在评估计分和结果的呈现
方式上有了自己的创新，也被后来的很多评估体系参考借鉴。（具
体是怎么创新的，咱们下一节会讲到，这里先卖个关子。）

20世纪90年代，绿色建筑的概念逐渐在国内兴起。我国先后发
布了《绿色生态住宅小区建设要点与技术导则》《绿色奥运建筑评
估体系》等一系列导则及评估体系。基于对国际知名的评估体系的
研究参考和一些地区性、针对性的试点和总结，2006年，中国推出
了自己的绿色建筑评估国家标准《绿色建筑评价标准》，并在此基
础上建立了绿色建筑的评价标识。

三星级标识　　　　二星级标识　　　　一星级标识

我国2021年发布的新版绿色建筑标识

　　根据世界绿色建筑委员会（World Green Building Council）的统计，全世界已经有大约60种不同的绿色建筑评估体系。从2016年到2021年，全世界通过各种绿色建筑评估体系认证的建筑面积从1.04亿平方米上升到了4.2亿平方米。有不少建筑项目还同时获得了多个不同评估体系的认证。而且，这个数据只包括在各国各地区绿色建筑委员会管理下的评估体系，如果把其他机构设立和运营的评估体系都算上，那数量还要多得多。可见，绿色建筑评估体系在推广绿色建筑和实现可持续发展的进程中起着非常重要的作用。在绿色建筑评估体系、市场、政策的多重引导下，绿色建筑正处于蓬勃发展的阶段。

08-2　评估体系不简单

通常，绿色建筑评估体系主要由三个部分组成：

第一，以严密的逻辑组织起来的一系列描述环境效能的标准。（也就是评估体系的指标框架。）

第二，给不同的评估指标分配积分，在某个效能上达到特定的标准，就可以得分。（也就是打分的方法。）

第三，通过特定的方法把最后的得分和建筑的环境效能显示出来。（也就是评估结果的呈现方式。）

第一部分可以看作评估体系的"骨架"。一个评估体系的框架确定了它评估的范畴和评价标准确定的逻辑。评估的范畴介定了评估体系适用的建筑类型、建筑尺度和时间维度。早期的评估体系往往只能用来评估某些类型的建筑，比如公共建筑或者住宅建筑。时间纬度上可能只适用于新建建筑，不能用于既有建筑的改造。尺度上也只能用来评估单栋的建筑，不能用于更小尺度的室内设计或更大尺度的街区甚至城市设计。随着时间的推移和评估体系的发展迭代，大部分的评估体系都逐渐完善，形成了由若干个评估标准组成的一套评估系统，尽量做到可以涵盖不同时间阶段、不同类型、不同尺度的建筑环境。

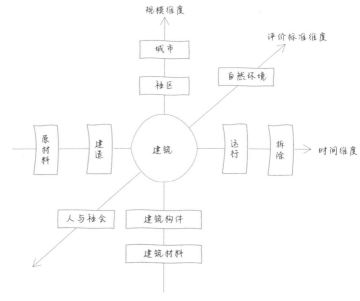

建筑环境评估的三个维度

表08-1   一些绿色建筑评估体系的评估范畴

BREEAM （英国）	• 新建建筑 • 翻新和装修 • 既有建筑 • 社区
LEED （美国）	• 建筑设计及建造 • 室内设计及建造 • 建筑运行及维护 • 街区发展 • 住宅 • 城市和社区
CASBEE （日本）	• 住宅尺度 • 建筑尺度 • 市区尺度 • 城市尺度
中国绿色建筑 评价标准	• 评价对象为单栋建筑或建筑群 • 建筑竣工后进行评价，设计阶段可以预评价

在评估的标准和逻辑上，一开始人们关注的主要是控制污染、节约能源、节约资源、提高室内环境质量等问题，评价的指标也侧重于能耗、水资源、室内环境质量等方面。随着可持续发展理念的完善和普及，人们逐渐意识到了环境、社会和经济三个层面的可持续性缺一不可、相互作用的关系，因此很多评估体系中逐渐增加了对社会和经济可持续性的评估指标。我国的《绿色建筑评价标准》在新修订的2019年版本中就将过去的"节地""节能""节水""节材""环境保护"这个"四节一环保"指标体系修改成了"安全耐久""健康舒适""生活便利""资源节约""环境宜居"五大性能指标体系，更多地考虑到了社会层面的可持续性，凸显了"以人为本"的理念。

表08-2　2019年新版《绿色建筑评价标准》的指标体系

安全耐久	I 安全 II 耐久	8 个控制项， 9 个评分项
健康舒适	I 室内空气品质 II 水质 III 声环境与光环境 IV 室内热湿环境	9 个控制项，11 个评分项
生活便利	I 出行与无障碍 II 服务设施 III 智慧运行 IV 物业管理	6 个控制项，13 个评分项
资源节约	I 节地与土地利用 II 节能与能源利用 III 节水与水资源利用 IV 节材与绿色建材	10 个控制项，18 个评分项
环境宜居	I 场地生态与景观 II 室外物理环境	7 个控制项， 9 个评分项
提高与创新		10 个加分项

近年来，很多国家和地区根据自己的自然环境和社会现状，发展出了适合自己的绿色建筑评估体系。也有不少国家借鉴了BREEAM或者LEED这样成熟的评估体系，在它们的基础上做了修改，用于自己国家的绿色建筑评估。而已有的评估体系也在逐步迭代更新，调整评估的框架和指标，使评估方法变得更科学合理、方便实用，也更贴近可持续发展的目标。

在打分和结果计算的方式上，现有的评估体系主要有两种类型：第一种类型是把各个评估项的得分相加（如果有权重的话乘以权重），再把最后的所有评估项分值加总，得到一个总分。有点类似于咱们的考试答卷。人们熟知的BREEAM、LEED都是采用这样的计算方式。

第二种类型就是前面提到的日本评估体系CASBEE采用的Q-L评估方式。Q指的是建筑环境的质量和表现（building environmental quality & performance），它包括了室内环境质量、建筑服务质量、室外环境质量三个方面，L指的是建筑的环境负荷（building environmental loadings），它包括了能耗、资源和材料消耗、环境影响三个方面。CASBEE将建筑的质量与负荷的比值称为建筑效能（building environment efficiency，BEE）。如果一个项目的环境负荷（L）得分越少，质量（Q）得分越多，BEE评分就越高。基于这个计算方式，CASBEE设计了很多非常直观的结果呈现图表，让阅读者可以快速了解到这个建筑项目的特点、长处和不足，也方便多个项目进行比较。这种计分方式被很多后来的评估体系借鉴、吸纳。

LEED v4 BD+C: 新建建筑与重大改造 (New Construction and Major Renovation)
项目得分表

项目名称：
日期：

满足	？	不满足			
			得分点	整合过程	**1**

0	0	0		**选址与交通**	**16**
			得分点	LEED 社区开发选址	16
			得分点	敏感土地保护	1
			得分点	高优先场址	2
			得分点	周边密度和多样化土地使用	5
			得分点	优良公共交通连接	5
			得分点	自行车设施	1
			得分点	停车面积减量	1
			得分点	绿色机动车	1

0	0	0		**可持续场址**	**10**
满足			先决条件	施工污染防治	必要项
			得分点	场址评估	1
			得分点	场址开发 - 保护和恢复栖息地	2
			得分点	空地	1
			得分点	雨水管理	3
			得分点	降低热岛效应	2
			得分点	降低光污染	1

0	0	0		**用水效率**	**11**
满足			先决条件	室外用水减量	必要项
满足			先决条件	室内用水减量	必要项
满足			先决条件	建筑整体用水计量	必要项
			得分点	室外用水减量	2
			得分点	室内用水减量	6
			得分点	冷却塔用水	2
			得分点	用水计量	1

0	0	0		**能源与大气**	**33**
满足			先决条件	基本调试和查证	必要项
满足			先决条件	最低能源表现	必要项
满足			先决条件	建筑整体能源计量	必要项
满足			先决条件	基础冷媒管理	必要项
			得分点	增强调试	6
			得分点	能源效率优化	18
			得分点	高阶能源计量	1
			得分点	能源需求反应	2
			得分点	可再生能源生产	3
			得分点	增强冷媒管理	1
			得分点	绿色电力和碳补偿	2

0	0	0		**材料与资源**	**13**
满足			先决条件	可回收物存储和收集	必要项
满足			先决条件	营建和拆建废弃物管理计划	必要项
			得分点	减小建筑生命周期中的影响	5
			得分点	建筑产品分析公示和优化 - 产品环境要素声明	2
			得分点	建筑产品分析公示和优化 - 原材料的来源和采购	2
			得分点	建筑产品分析公示和优化 - 材料成分	2
			得分点	营建和拆建废弃物管理	2

0	0	0		**室内环境质量**	**16**
满足			先决条件	最低室内空气质量表现	必要项
满足			先决条件	环境烟控	必要项
			得分点	增强室内空气质量策略	2
			得分点	低逸散材料	3
			得分点	施工期室内空气质量管理计划	1
			得分点	室内空气质量评估	2
			得分点	热舒适	1
			得分点	室内照明	2
			得分点	自然采光	3
			得分点	优良视野	1
			得分点	声环境表现	1

0	0	0		**创新**	**6**
			得分点	创新	5
			得分点	LEED Accredited Professional	1

0	0	0		**地域优先**	**4**
			得分点	地域优先：具体得分点	1
			得分点	地域优先：具体得分点	1
			得分点	地域优先：具体得分点	1
			得分点	地域优先：具体得分点	1

0	0	0	**总计**		可获分数： **110**

认证级：40 至 49 分，银级：50 至 59 分，金级：60 至 79 分，铂金级：80 至 110 分

LEED 计分表格示例

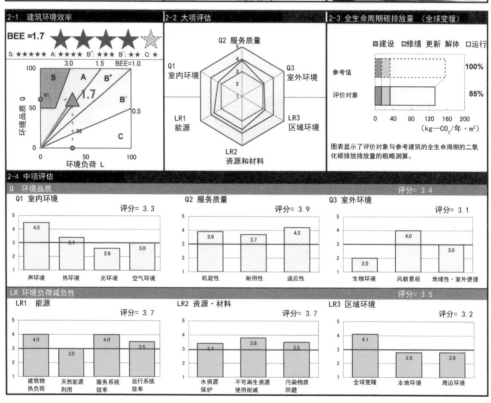

CASBEE 评估结果示例

　　在评估结果的名称上，不同的评估体系也是各有不同。我国的绿色建筑评价标准将评估结果分为四个等级，满足所有控制项，即达到基本级。在此基础上，以一星、二星、三星来表示从低到

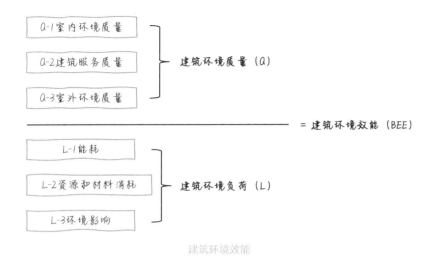

建筑环境效能

高的评级，三星是最高等级。LEED的评估结果有"通过""白银级""黄金级""铂金级"四个等级。BREEAM的评估结果则有"不达标""达标""好""很好""卓越""极佳"六个等级。

大部分在市面上运行的评估体系会设置一个基准线，高于基准线的才算通过，才会进行分级，低于基准线就统一表示不达标。在使用上，这样的设计足够方便了。但也有少数评估体系会将不达标的情况也进行分级，评估结果有"差"，还有"很差"。也许这样能更好地描述建筑的表现，方便进行比较研究或者进行改进设计，不过听上去好像稍微严厉了一点。不同评估体系的基准线往往和自己所在的国家或地区的普遍现状有关，并不是整齐划一的。使用不同评估体系得到的结果也不能直接进行横向比较。比如LEED的白银级和BREEAM的卓越级究竟哪个更好，很难一下子得出结论。

所以，考试分数固然重要，但也要客观理性地看待。你在面对各种考试的时候，又是什么心态呢？

08-3　分数之外才是开始

看到这里你可能觉得有点枯燥，为什么要讲这么多评估体系？其实我只是希望你能了解，评价一个绿色建筑是否成功有很多因素，有很多种不同的标准。不同的评估体系会有不同的背景、侧重点和适用范围。我们在使用这些评估工具的时候，应该要先对它们的优点和局限性心中有数，而不是盲目追求分数。

再给你讲一个故事吧。在攻读博士学位的时候，我曾经尝试用LEED这个受到广泛欢迎的评估体系去评估我们在农村完成的灾后重建项目。我认为我们的项目在环境、社会、经济的可持续性上都为当地发展考虑得比较周到，应该会得到一个不错的分数。可是后来我失望地发现，竟然有75%的评估指标在我们的农村项目中无法使用。有的是因为评估指标是基于城市的尺度、密度、基础设施等情况而建立的，对农村情况不适用；有的是因为评估指标涵盖的绿色建筑材料中根本不包括夯土、竹材这种非标准化的乡土建筑材料；有的是因为评估指标提出的室内环境质量是基于城市建筑和城市生活方式制定的，与乡村生活方式有较大差异；还有的是因为评估指标要求使用的计算机软件模拟或实地测量操作，在乡村建筑项目中难以实现。这次"碰壁"让我对绿色建筑评估体系有了充分的反思和全新的视角。我并没有因为项目难以在评估体系中得分就怀疑自己的项目做得不好，而是在博士论文中重新审视了乡村绿色建筑和乡村可持续发展的背景和理念，提出了我认为更适合乡村的评估体系框架。这个框架虽然还处在研究阶段，却指导了我们的科研团队往后十余年的乡村研究和实践项目。在理论和实践的不断反复验证和打磨中，我们都更加确定了自己的方向。

从节约能源、保护环境到可持续发展，绿色建筑已经走过了数十年的历程。人们对绿色建筑的理解和期望在不停地变化，新的观念和实践也层出不穷。有时候，我们甚至可以根据自己项目的背景和特点，设定自己的目标和评价标准，超越现有的评估体系，把一个项目做得更接近我们理想的状态。评估体系是帮助我们实现可持续发展的工具，但一定不是我们的目的地。

在研究和实践绿色建筑的旅途中，总是有一些声音对我说："你做这些有什么用？真的能改变世界、拯救人类吗？"确实，一个人的努力带来的改变是微小的，如果我们抱着要改变世界、拯救人类的想法去做每一件小事，也许失败和无力感会始终萦绕着我们。对于这个问题我是这样认为的：选择不同的生活方式，是我们活在这个世界上的一种状态，这个状态首先让我们觉得安全、舒适、健康，其次让我们拥有自尊、归属感、爱与被爱的幸福感和自我实现的成就感。还记得"马斯洛需求金字塔"吗？在可持续的生活方式里，我们各个层面的需求都得到了更大的满足，所以不知不觉间，我们会向这样的生活方式靠拢。我们自己的身心健康、愉悦和福祉，与人类的可持续发展其实是同一件事情的两个侧面。或多或少，我们都会在这件事情上达成一定的共识。所以，你会带着怎样的思考去选择你未来的生活方式呢？

参考文献

[1] 侯继尧，王军. 中国窑洞[M]. 郑州：河南科学技术出版，1999.

[2] 石克辉，胡雪松. 云南乡土建筑文化[M]. 南京：东南大学出版社，2003.

[3] 穆军，周铁钢，王帅，等. 新型夯土绿色民居建造技术指导图册[M]. 北京：中国建筑工业出版社，2014.

[4] 叶祖达，李宏军，宋凌. 中国绿色建筑技术经济成本效益分析[M]. 北京：中国建筑工业出版社，2013.

[5] 万丽，吴恩融，迟辛安. 从灾后重建到乡村复兴——"一专一村"光明村灾后重建示范项目 [J]. 建筑技艺，2017（263）：24–29.

[6] 李宏图. 英国工业革命时期的环境污染与治理[J]. 探索与争鸣，2009（2）：60–64.

[7] 周跃辉. 西方城市化的三个阶段[J]. 理论导报，2013（2）：42–42.

[8] 薛明. 绿色生活的创造——生态社区BedZED[J]. 重庆建筑大学学报，2004（z1）：61–66.

[9] 洪英进. 绿色企业的典范——欧莱德绿色工厂[J]. 建筑学报（台湾），2014（09专刊）：72–77.

[10] 周官武，姜玉艳. 德国国会大厦 建筑新道路[J]. 创意设计源，2011（2）：30–35.

[11] 方劲. 内源性农村发展模式：实践探索、核心特征与反思拓展[J]. 中国农业大学学报（社会科学版），2018（1）：24–34.

[12] 张文明，章志敏. 资源·参与·认同：乡村振兴的内生发展逻辑与路径选择[J]. 社会科学，2018（11）：75–85.

[13] 张环宙，黄超超，周永广. 内生式发展模式研究综述[J]. 浙江大学学报（人文社会科学版），2007（2）：61–68.

[14] 万一梦，徐蓉，黄涛. 我国绿色建筑评价标准与美LEED比较分析[J]. 建筑科学，2009（8）：6–8.

[15]　李菊，孙大明. 国内绿色建筑增量成本统计分析[C]. 北京：第五届国际智能、绿色建筑与建筑节能大会，2009：66–71.

[16]　黄献明. 绿色建筑的生态经济优化问题研究[D]. 北京：清华大学，2006.

[17]　中华人民共和国生态环境部. 生物多样性概念和意义[EB/OL]. 2010–01–14 [2022–09–12].

[18]　欧莱德国际. 绿建筑——建筑与自然和谐之美[EB/OL]. 2019–10–09 [2022–09–12].

[19]　建造业零碳天地[EB/OL]. 香港：建造业议会. 2020–04–13 [2022–09–12].

[20]　SPARK思邦. 克拉码头改造项目[EB/OL]. 2016–06–07 [2022–09–12].

[21]　欧莱德国际. 2016欧莱德企业社会责任报告书[R/OL]. 2017–12–01 [2022–09–12].

[22]　许俊民. 香港绿化屋顶和垂直绿化的研究和应用[R/OL]. 香港测量师学会青年组技术研讨会. 2014–05–19 [2022–09–12].

[23]　王清勤. 中国绿色建筑标准介绍[R/OL]. 北京：中国建筑科学研究院有限公司. 2019–07–18 [2022–09–12].

[24]　张永生，卢美慧，崔木杨. 灾后房屋抗震调查[N/OL]. 北京：新京报，2014–08–11 [2022–09–12].

[25]　白羽，苏何先，赖正聪. 新型夯土墙房屋地震模拟振动台试验研究报告[R]. 昆明：云南省工程抗震研究所，2015.

[26]　住房和城乡建设部. 建筑节能与绿色建筑发展"十三五"规划[R]. 2017.

[27]　住房和城乡建设部. 既有居住建筑节能改造指南[R]. 2012.

[28]　日企千叶港大厦的CASBEE评估结果[OL]. 日本企业投资株式会社. 2010–1–22 [2023–7–3].

[29]　CARSON R. Silent Spring[M]. Boston: Houghton Mifflin Company, 1962.

[30]　World Commission on Environment and Development. Our Common Future[M]. Oxford: Oxford University Press, 1987.

[31]　VALE B, VALE R. The Autonomous House: Design and Planning for Self–sufficiency[M]. London: Thames and Hudson Ltd, 1976.

[32]　GIVONI B. Man, Climate and Architecture [M]. London: Applied Science Publishers, 1976.

[33]　DEYAN S. Norman Foster: a life in architecture[M]. New York: The Overlook Press, 2010.

[34]　MALCOLM Q. The Norman Foster Studio: Consistency through diversity [M]. London and New York: E & FN Spon, an imprint of Routledge, 1999.

[35] BUSENKELL M, SCHMAL P C. WOHA: Breathing Architecture[M]. London : Prestel Publishing, 2012.

[36] BINGHAM-HALL P. WOHA: Selected Projects Volume 2[M]. Singapore: Pesaro Publishing, 2015.

[37] CLEMENTS-CROOME D J. Creating the Productive Workplace[M]. London: E & FN Spon, 2000.

[38] KAMAL M A. An Overview of Passive Cooling Techniques in Buildings: Design Concepts and Architectural Interventions[J]. Civil Engineering & Architecture, 2021(55): 84-97.

[39] CHANCE T. Towards sustainable residential communities: the Beddington Zero Energy Development (BedZED) and beyond[J]. Environment & Urbanization, 2009(21): 527-544.

[40] KINGMA B, LICHTENBELT W V M. Energy consumption in buildings and female thermal demand[J]. Nature Climate Change, 2015(5): 1054-1056.

[41] FISK W J, Rosenfeld A H. Estimates of Improved Productivity and Health from Better Indoor Environments[J]. Indoor Air, 1997(3): 158-172.

[42] MASLOW A H. A theory of human motivation[J]. Psychological Review, 1943(50): 370-396.

[43] HARTKOPF V, LOFTNESS V, MAHDAVI A, et al. An integrated approach to design and engineering of intelligent buildings—The Intelligent Workplace at Carnegie Mellon University[J]. Automation in Construction, 1997(6): 401-415.

[44] COLE R J. Building Evironmental Assessment Methods: Clarifying intentions[J]. Building Research and Information, 1999(27): 230-246.

[45] SANNER B, KABUS F, SEIBT P, et al. Underground Thermal Energy Storage for the German Parliament in Berlin.

[46] System Concept and Operational Experiences[C]. the World Geothermal Congress, Antalya, Turkey, April 2005.

[47] CHI X, BAI W, NG E. Study on the rammed-earth building in the post-earthquake reconstruction of Southwest China: a case study in Ludian[C]. Terra 2016 XⅡ World Congress on Earthen Architecture, Lyon, France, June 2016.

[48] ABERGEL T, DEAN B, DULAC J. Global Status Report 2017[R]. United Nations Environment Programme, 2017.

[49] HODGE J. BedZED seven years on[R]. BioRegional, 2009.

[50] LAZARUS N. BedZED: Toolkit Part Ⅱ A practical guide to producing affordable[R]. BioRegional, 2003.

[51] Department of Architecture, The Chinese University of Hong Kong. Feasibility Study for Establishment of Air Ventilation Assessment System Final Report[R]. Planning Department, 2005.

[52] Dorgan Associates. Productivity and Indoor Environmental Quality Study[R]. National Energy Management Institute, 1993.

[53] GIBBERD J. Integrating sustainable development into briefing and design processes of buildings in developing countries: an assessment tool[D]. Pretoria: University of Pretoria, 2003.

[54] HERINGER A. Vision[EB/OL]. 2020-01-01 [2022-09-12].

[55] Hockerton Housing Project[EB/OL]. 2021-03-16 [2022-09-12].

[56] Department of Architecture. The Commons [EB/OL]. ArchDaily. 2016-12-18 [2022-09-12].

[57] HHP. Case Study: Retrofit for the Future[EB/OL]. 2012-07-01 [2022-09-12].

[58] MCGEE C. Shading [EB/OL].Canberra: Australian Government. 2013-01-01 [2022-09-12].

[59] BIRD M. An architect's sustainable dreams[EB/OL]. London: China Dialogue. 2006-10-30 [2022-09-12].

[60] ANDERSON J. Embodied Carbon & EPDs[EB/OL]. GreenSpec. 2011-01-01 [2022-09-12].

[61] United Nations, What Is Climate Change? [EB/OL]. 2021-04 [2022-09-12].

[62] Earth Science Communications Team at NASA's Jet Propulsion Laboratory, Global Climate Change[EB/OL]. 2022-09-01[2022-09-12].

[63] The Center for Building Performance and Diagnostics (CBPD) [EB/OL]. Pittsburgh: Carnegie Mellon University School of Architecture 2008 [2022-09-12].

[64] BREEAM[EB/OL]: 2022-09-01 [2022-09-12]. Watford: BER Group.

[65]　LEED rating system[EB/OL]. Washington, DC: U.S. Green Building Council 2000−01−01 [2022−09−12].

[66]　Comprehensive Assessment System for Built Environment Efficiency (CASBEE) [EB/OL]. Japan Sustainable Building Consortium and Institute for Building Environment and Energy Conservation 2015−12−02 [2022−09−12].

[67]　World Green Building Council Annual Report 2020/21[R/OL]. London: World Green Building Council. 2021 [2022−09−12].

[68]　BELLUCK P. Chilly at Work? Office Formula Was Devised for Men[N/OL]. New York: The New York Times, 2015−08−3[2022−09−12].

[69]　WARD L. Energy Dashboards Enter the Office Cubicle Studies Give Workers Tools to Monitor and Reduce Their Individual Energy Use[N/OL]. The Wall Street Journal, 2013−09−22 [2022−09−12].

后记

不管你是蜻蜓点水还是细细品味，感谢你看完了这本书。能够读到后记，那想必你觉得我这个向导还不算太差。

说出来不怕你笑话，在编辑和我聊起这本书的设想时，我正怀着我的第二个孩子。在这本书的写作期间，我的孩子出生了，编辑自己也做了母亲。一路上，我时常为自己的蜗牛速度感到惭愧不已。但完美主义的心态作祟之下，我又时常因为害怕自己做得不够好而缩手缩脚，停滞不前。这本书的写作过程简直就是我"拖延症大作战"的过程。

因此在这里，我要特别感谢编辑刘一琳女士对我无限的耐心和支持，因为她的温柔坚定，我才没有轻易放弃。感谢我的博士导师，香港中文大学的吴恩融教授，还有研究团队志同道合的师兄师姐、师弟师妹、工作伙伴们。从一个参与乡村建设的志愿者，到成为吴教授的学生，再到毕业后与吴教授共同致力于乡村可持续发展的研究工作，我从吴教授那里学到的不仅是科研探索的"术"，更是领悟人生的"道"。整个团队也给了我空间和支持，让我可以去做一些看似没有用处但我认为很有意义的事。

感谢不远万里来到香港中文大学，在可持续与环境设计理学硕士课程中授课的Prof. Branda Vale, Prof. George Baird, Prof. Ray Cole, Prof. Adrian Pitts, Prof. Lutz Katzschner, Prof. Lam Khee

Poh，以及叶祖达教授。本书中许多的知识和灵感都来源于你们精彩的讲授和言传身教。你们是我从事学术工作的榜样，也是我人生道路上的榜样。

感谢我的父母、先生和两个孩子，体恤包容总是"不走寻常路"的我。在养育孩子的过程中，我也对建筑与人生有了很多新的体悟。

最后还要感谢我的乐器老师牛天元老师、程龙老师、沙球先生TTY老师，以及学员朋友们，在我和自己的拖延症战斗的时候，在我反复横跳于工作、生活的不同角色而筋疲力尽的时候，是你们和音乐的陪伴给了我抚慰和力量。

"可持续"是一种理念，也是一种生活方式。希望这本书能带给你一些乐趣和思考，也希望你能在未来的生活中带着这种智慧，做一个可持续的、生生不息的、完整丰盈的人。

万丽
2023年盛夏